内 容 简 介

……研究信息通信新技术（Information and Communication Technologies，简……境下面向学生译员的、以口译能力的阶段化发展和译员认知发展特点为……辅助口译学习系统。此系统旨在整合ICTs环境下网络学习、语音识别、……技术等不同技术手段的优势，发掘学生译员在ICTs环境的全新学习模……学活动主体在ICTs环境下的互动模式，构建完整、科学、智能化的口……以期提升口译能力培养的系统性和智能性，促进国内外口译教育……

……必究。举报：010-62782989，beiqinquan@tup.tsinghua.edu.cn。

……（CIP）数据

……译学习系统研究 / 许明等著 . 一北京：清华大学出版社，2020.9
……02-55237-6

……①许… Ⅲ.①口译—自动翻译系统—研究 Ⅳ.①TP391.2

……CIP 数据核字（2020）第 047881 号

……社
……://www.tup.com.cn, http://www.wqbook.com
……京清华大学学研大厦 A 座　　邮　编：100084
……-62770175　　　　　　邮　购：010-62786544
……务：010-62776969, c-service@tup.tsinghua.edu.cn
……-62772015, zhiliang@tup.tsinghua.edu.cn
……有限公司

印　张：14.75　字　数：242 千字
……版　　　　　印　次：2020 年 9 月第 1 次印刷

本书重点
写为ICTs）环
基础的计算机辅
机器翻译、云技
式，优化口译教
译技能培训模型
资源的共享。

版权所有，侵权必

图书在版编目

计算机辅助口
ISBN 978-7-3

I . ①计… II .

中国版本图书馆

计算机辅

A Study of C
Interpret

责任编辑：钱屹芝
封面设计：子　一
责任校对：王凤芝
责任印制：杨　艳

出版发行：清华大学出版
网　　址：http
地　　址：北京
社 总 机：010
投稿与读者服务
质量反馈：010

印　装　者：三河市龙大印装
经　　销：全国新华书店
开　　本：155mm×230mm
版　　次：2020 年 9 月第 1
定　　价：88.00 元

产品编号：072930-01

此论著为国家社会科学基金项目（项目批准号：13BYY042）"ICTs 环境下计算机辅助口译学习系统研究"的研究成果。

序 一

计算机辅助口译培训（CAIT）研究旨在开发应用于口译培训的计算机程序，国内外相关研究已二十余载。而当下 CAIT 软件或网络平台存在诸多不足，如：运用范围有限，方法单一；渐进性、持续性缺乏；课堂线上互动不够；真实训练环境欠缺，等等。作为系统工程的 CAIT，其研究需要系统思考，应涉及口译技能组成、阶段化发展、受训者认知心理等。若能结合信息通信技术（ICTs），将结出何种硕果？本书所示，正如所期。借助 ICTs，口译的教与学可多重互动；口译学习可自主，可合作，可远程，可虚拟，模式新颖多样；口译技能培训的模型构建会更加科学完整，可以实现智能化。

以此为目标，本书基于技能解构和建构主义学习理论构建了 CAIT 系统，重在学生，落脚于口译训练过程，以口译教学规律和学生译员的认知发展规律为双轨，兼顾教与学、课堂与自主、理论与实践等元素，充分发掘 ICTs 的潜能，利用多媒介，创建多模式，旨在增强口译学习效果。所建的 CAIT 系统呈开放性，创建了口译仿真语境，教、学、测线上一条龙运作，实现了国内外口译教育资源效能的最大化与最优化。

许明博士读硕期间主攻翻译学，读博期间主攻认知心理学，学术起步已在跨学科；之后，学术兴趣更是集于口笔译认知过程、认知语义学、语篇理解与知识构建、术语学等；国内外扎实的学术训练与学养正好助力他攻克所预设的难题，实现既定目标。因此，本书具有三大亮点：首先是问题意识强，比如第五章梳理了机器口译质量的主要问题，描绘了语音识别、术语提示、译文辅助等技术用于 CAIT 系统的愿景与远景，甚是诱人。其次是第四章，即 CAIT 系统如何融入认知训练元素，具体是认知心理学常用的测试方法转为提升学生译员认知能力的训练方法，这是业内最感兴趣的。还有第六章至第八章，基于云平台、机器翻译和 AI 同传，构建了交传或同传辅助训练平台，设计与开发了共享用户界面，正好满足口译人才培养的现实诉求。

本著作已构建基于云平台和机器翻译的计算机辅助交替传译和同声传译学习系统，迈出了远征的第一步；其终极目标是构建 ICTs 环境下 CAIT 系统的理论框架，夯实理论基础。而要真正实现口译能力培养的智能化，为 CAIT 立论，或是许明博士预定以及业界期待的更大的目标。

黄忠廉

2020 年仲夏

于白云山麓三语斋

序　二

　　许明博士发来其新著《计算机辅助口译学习系统研究》的书稿，嘱我作序。我抱着对这本著作的浓厚兴趣，欣然应承。

　　这部新著是许明所主持的国家社科基金项目"ICTs 环境下计算机辅助口译学习系统研究"的成果。在国家社科基金申请中，口译研究这个翻译学的子学科要获得立项殊为不易。这个项目能在 2013 年获得国家社科基金立项，反映了计算机辅助口译教学这一课题对于当前口译教学研究和口译实践的重要意义。

　　笔者 2009 年在《外语界》发表的一篇拙文 * 中曾指出，口译教学要具备三个特点，即技能性、实践性和仿真性。首先，口译是一种专业技能，无论是交替传译，还是同声传译，都要求专业的口译认知处理和信息处理技能。口译教学应以口译技能训练为中心。"技能性"是口译教学的第一个特点，也是对口译教学目标定位的要求。其次，口译是一种操作性很强的专业技能。要培养出合格的译员，除了口译技巧的系统教授，还必须以大量的口译实践练习为基础。"实践性"是口译教学的第二个特点，也是对口译课教学形式的要求。再次，从教学方式和教学材料来看，口译教学要注意"仿真性"，教学活动要贴近口译职业的真实状况，教学材料最好是模仿口译现场或来自现场的录音、录像。"仿真性"是口译教学的第三个特点，也是对口译课教学方式及教学材料的要求。有鉴于此，笔者在该文中提出，要实现上述三个特点，口译教学实践有必要与信息通信技术（ICTs）进行有效地结合。

　　阅览许明博士的这部新著，我欣喜地看到，这本著作对计

---

* 王斌华，叶亮．面向教学的口译语料库建设：理论与实践．外语界，2009 年第 2 期．

算机辅助口译教学（CAIT）进行了较为系统的探索。本书概述了与口译教学相关的信息通信技术和国际范围内已有的口译教学平台与训练软件；总结了信息通信技术条件下口译教学的设计原则与理念；并在口译过程的认知机制理论和各家口译认知处理技能训练大纲的基础上，探讨了学生译员认知能力的训练方法；进而在检视目前机器翻译译文质量及其主要问题的前提下，探究语音识别、术语提示、译文辅助等技术在计算机辅助口译教学系统中应用的可能性；然后呈现其研究的几个主要成果，包括基于云平台和机器翻译的交替传译辅助教学平台的构建、基于云平台和AI同传的同声传译辅助教学平台的构建、交传和同传辅助教学平台共享用户界面的设计与开发。

本书内容详实，既有口译教学理论的支撑，也有计算机辅助口译教学设计原则和理念的探讨，既有相关信息通信技术应用潜力的探索，更有其构建的机辅口译教学平台的展示。

2020年突如其来的新冠疫情全球大流行给口译实践和口译教学均带来了新的变化。从口译实践来看，2020年可视为真正的远程会议口译"元年"，远程口译在今年已成为口译职业现实的一部分，虽然在过去很长一段时间以AIIC为代表的职业译员界对远程口译多持保留意见。而且，2020年的远程口译实际上出现了不同于过去的一个鲜明特点：过去的远程口译通常是译员远程为现场的会议提供口译；而在今年的远程口译实践中，会议是在云端的虚拟会议室中进行，会议参加者远程分布在世界不同地区的电脑网络终端，而译员也是在自己家中的电脑网络终端远程提供口译。从口译教学来看，随着很多国家封城措施的实行，诸多口译名校的口译教学（包括笔者所教授的英国利兹大学会议口译专业）均转到了线上。在这个背景下，许明博士新著的出版恰逢其时，相信对于我们线上口译教学从理念到实践等诸多方面均会有所启发。

在阅读完这本著作后，笔者不禁想到，在本书的基础上，口译教学界或许有必要探讨下一个新的问题：近几年来，由于人工智能技术有了新的突破，技术的工具性在翻译实践和翻译教学中的应用均大行其道，我们在广泛应用各种技术工具的同时，如何保持技术理性（technological rationality）**，不要盲目崇拜技术的作用，而要用好技术，使之融入口译教学和实践的过程，真正为口译教学和实践服务。在这方面，本书做出了很好的探索。

是为序。

王斌华
利兹大学口译及翻译研究讲席教授
2020 年 4 月

** 王斌华，2019. Development of technology in interpreting and interpreter training and its implication，2019 International Conference on Translation Education 大会主旨报告，香港中文大学（深圳），2019 年 8 月 23-24 日 .

前　言

　　计算机辅助口译培训（Computer Assisted Interpreter Training，简写为 CAIT）的研究起源于 20 世纪 90 年代中期，是 20 世纪 60 年代末计算机辅助语言学习（Computer Assisted Language Learning）软件开发项目的一个发展和衍伸（Sandrelli & de Manuel Jerez，2007：275）。此类研究的主要目的在于开发应用于口译培训的计算机程序。

　　迄今为止，国际上已有的口译学习软件、平台或系统主要有 Interpr-IT，Interpretations，Melissi Black Box 和 IRIS 数据库（Sandrelli & de Manuel Jerez，2007）以及 Divace 语音文件包（Blasco Mayor，2005：2，6）。此外，欧洲的许多大学都开发了用于口译教学的软件或平台。例如，西班牙格拉纳达大学的大学口译研究小组研发的用于双语口译教学的互动多媒体软件，海梅一世大学和巴塞罗那自治大学开发的数字口译实验室和虚拟口译学习教室；哥本哈根商务学校、波兰波兹南密茨凯维奇大学开发的专门用于支撑口译教学的在线学习平台（e-learning platform）（Noraini Ibrahim–González，2011）。2006 年，Sandrelli 和 Hawkins 提出了开发虚拟口译环境的设想，并于 2007 年在日内瓦大学着手研究专用于译员培训的虚拟学习环境（Sandrelli & de Manuel Jerez，2007）。在欧盟委员会的支持下，S. Braun 和 C. Slater（2011）开始着手研究 IVR（Interpreting in Virtual Reality）口译虚拟现实项目，利用 3D 虚拟环境的创新特征，整合各种数字和视听资源，模拟商务和社区翻译中的职业翻译活动，为从事该领域翻译的译员及其潜在客户创建口译教育平台。

　　在国内，杨承淑（2003）和她的研究团队建立了一个 CAIT 学习网站。此网站面向台湾学习外语或应用外语的大学生，为其提供中、英、日、法、西、意和德等语种的听力、阅读学习资源，并较为系统地介绍译员培训的不同任务。2006 年至 2009 年，广东外语外贸大学仲伟合教授带领其团队先后展开了"计算机辅助口笔译教学资源库"和"数字化口译教学系统的开发与应用"的专项研究，并建成了广外正在使用的英、法口译教学平台。

在研究领域，康志峰（2012）提出了集各种多维空间技术多模态于一体的立体式多模态口译教学模式，强调利用现代立体式网络高科技，进行网络协同教学、虚拟仿真训练、远程训练、协作训练和多媒体个性化训练等教学设计。刘梦莲（2010，2011）提出了建设面向学习者的口译自主学习网站的设想。这些新的研究成果为信息通信新技术在 CAIT 系统上的应用提供了全新的思路。

深入研究现有 CAIT 软件或网络平台，可以发现如下问题：其一，单机版学习软件多数是视频、音频、文字和语料的整合，口译技能培训范围有限，培训方法单一，缺乏教师与学生、学生与学生的互动，技能培训不系统、循序渐进性较差；其二，现有的口译学习网站或平台多适合学生课外的自主学习，学生在网站上的互动基本是线下的，而且缺乏真实的口译练习环境，其学习模式、互动模式和口译学习环境有待完善；其三，受虚拟现实技术本身和计算机硬件性能的限制，虚拟现实技术只能应用于口译培训的某些局部环节，借助 3D 技术来实现整个口译培训过程的灵活、机动性较差，开发成本非常高。

口译学习和培训是个系统工程，ICTs 技术为口译培训提供了更多可能。机器翻译在语音识别、译文质量等方面的显著提升也为 CAIT 系统融入更多智能化辅助功能提供了便利。CAIT 系统不仅需要考虑口译的技能组成、阶段化发展规律和受训译员的认知发展特点，还需要兼顾 ICTs 技术可提供的便利和优势。两者怎样有机结合？这是研究的切入点。

研究重点围绕 ICTs 环境下面向学生译员的、以口译能力的阶段化发展和译员认知发展特点为基础的 CAIT 系统展开。研究整合 ICTs 环境下的不同技术优势，优化口译教学活动主体在

ICTs 环境下的互动模式，发掘学生译员在 ICTs 环境的全新学习模式，构建完整、科学、智能化的口译技能培训模型，为共享国内外口译教育资源、实现口译能力的系统化培养服务。

研究的内容涉及六个方面：

其一，口译能力进阶培养过程研究。主要研究：（a）口译能力的不同发展阶段；（b）学生译员在不同发展阶段的认知特点；（c）构建口译能力进阶发展模型。

其二，ICTs 环境下口译学习模式、教学模式及其"教""学"互动模式研究。主要研究：（a）ICTs 环境下学生译员的新学习模式，如自主学习、合作学习、远程学习和虚拟学习等；（b）ICTs 环境下的口译教学模式及其"教""学"双方互动模式研究，如理论概括、技能讲解、技能示范、技巧点拨、重复训练和错误纠正等。

其三，ICTs 技术在口译能力逐级培养过程中的应用方式研究。主要研究口译教学活动主体在不同的口译技能练习环节对二维（如视频、音频、影像、Flash 等）、三维（如虚拟学习环境）等 ICTs 技术的需求。

其四，系统建模。主要任务是：（a）研究 CAIT 系统的理论基础；（b）根据不同的功能需求，构建单个技能训练模型；（c）构建完整的 CAIT 模型。

其五，CAIT 系统人机交互界面研究。按照模块的功能划分，研究不同模块的人机交互界面及整个系统人机交互界面的设计的原则和实现方法。

其六，口译语料的搜集、分类、分级及应用方式研究。重点研究：（a）语料的搜集及授权方案；（b）语料的分类依据；（c）语料的分级标准；（d）语料在 CAIT 环境中的应用方式。

研究的核心思想包括如下三个层面：

其一，CAIT 系统的设计和构建需要以学习者为中心、以口译训练过程为导向、以技能解构和建构主义学习理论为基础。为达到良好的训练效果，CAIT 系统应遵循口译教学规律和学生译员的认知发展规律，将教与学、课堂学习与自主学习、理论学习和实践训练紧密结合起来，并对学生译员口译能力的发展进行科学的层级划分和严格的进阶控制，对学习者的学习轨迹进行量化、跟踪、记录，允许他们对系统进行个性化定制。

其二，ICTs 技术的最新发展如云技术和机器翻译等为 CAIT 系统的构建提供了更多可能，视频、音频、影像、Flash、3D 虚拟学习环境等多种媒介形式和多种学习模式（如课外自主学习、远程合作学习、虚拟学习等）的有效运用将大大提高口译学习的效果。

其三，开放性是 CAIT 系统构建仿真口译学习环境、共享国内外口译教育资源的基本保障。通过构建网络在线互动平台，具有不同语言优势和口译能力的学习主体可以自由组建学习团队和学习社区，共同营造不同语言、不同级别的口译学习环境，最终实现远程协作学习；借助此平台也可以搭建在线测试平台，允许口译专家、职业译员对学生译员进行在线检测、考核和辅导。

本书共有八章，第一章系统介绍 ICTs 技术的定义及其在口译培训和口译实践中的应用；第二章集中介绍现有主要的口译教学平台与训练软件；第三章主要分析 ICTs 环境下口译教学的设计原则与理念；第四章重点研究口译过程中涉及的认知机制及其认知技能训练在口译教学中的应用，本章研究的意图在于在 CAIT 训练系统中融入认知训练的元素，将认知心理学常用的测试方法转化为提升学生译员认知能力的训练方法；第五章集中展现机器翻译的应用现状及其不同领域机器翻译译文质量评估结果，此部分研究的目的是在系统检测机器翻译译文质量及其存在的主要问题的前提下，探究语音识别、术语提示、译文辅助等技术在 CAIT 系统中应用的可能性，相关例证在最大可能精简的同时力求较为全面地反映机器翻译存在的问题；第六章重点呈现基于云平台和机器翻译的交替传译辅助训练平台的构建；第七章集中展现基于云平台和 AI 同传的同声传译辅助训练平台的构建；第八章重点研究交传和同传辅助训练平台共享用户界面的设计与开发。

此研究的创新之处在于，相对于已有的 CAIT 网站、平台或软件而言，除了整合传统的网络和多媒体技术及口译研究成果外，此研究融合了 ICTs 技术、口译认知研究、机器翻译、术语研究等多学科、多领域的最新研究成果，并且严格按照口译能力的阶段化发展和教学模式来构建 ICTs 环境下的口译培训模型，这些在一定程度上较好地保证系统的完整性和先进性，为口译能力的系统、科学培养和自主训练奠定了基础。

此研究为国家社科基金项目的集体研究成果。在此，我本人向通过不同形式参与此课题研究的课题组成员表示衷心感谢！感谢清华大学郑文博副教授、厦门大学苏伟副教授和广东外语外贸大学邓玮博士在课题策划、申报和执行阶段给予的大力支持与帮助。感谢北京语言大学翻译学方向研究生团队黄坤、邢红芳、崔赫、王亚宁、杨梦环、刘佳俊、李萌萌、魏星八位同学在第五章机器翻译译文质量评估这一主题研究中在数据搜集、资料梳理等方面所做出的突出贡献。感谢北京大学硕士研究生祝婧琦、北京外国语大学硕士研究生陈馨、北京语言大学硕士研究生杨雨佳、北京语言大学孙千惠在第六章第二节交替传译辅助教学软件调研分析和第三节云平台构建这两个分主题研究中做出的突出贡献。感谢北京语言大学硕士研究生苏文同学在交传训练测试问卷设计环节所做出的贡献。课题组成员在成果出版前均已阅读此论著，并核查此论著署名方式，对成果出版、论著署名等均无异议。

本书的研究目标是构建 ICTs 环境下的计算机辅助口译学习系统的理论框架，为 CAIT 系统的搭建奠定理论基础。由于时间和精力有限，研究成果还存在诸多方面的不足，如认知技能训练对口译学习的有效性、多模态训练形式在口译训练中的应用途径和效果、机器翻译译文质量和语音识别的改进方案、机器翻译语音识别、跨语言转换等技术元素与辅助训练平台的结合路径和实际效用、CAIT 平台实现的技术框架等，这些问题都有待更加深入的研究。

此论著的出版还受到了北京语言大学梧桐创新平台项目（中央高校基本科研业务费专项基金）（项目编号：16PT02）"中外语言服务人才产学研一体化培养模式研究"的资助。特别感谢广东外语外贸大学黄忠廉教授、英国利兹大学口译与翻译研究讲席教授王斌华教授百忙之中为本书做序！也特别感谢为本书提出宝贵修改建议的各位专家、学者！敬请业内、外人士批评指正！

2020 年 4 月 29 日

许明于北京

目　录

第一章

ICTs技术和口译教学与实践

本章第一节重点阐述 ICTs 技术的定义与分类，第二、第三节以时间为序探究 ICTs 技术在口译教学和口译实践中的应用，以期厘清 ICTs 技术在这两个领域的历史沿革。

第一节　ICTs 技术的定义与分类

信息通信技术，ICTs（Information and Communication Technologies，以下简称为 ICTs），包含一切信息、通讯相关的设备和应用，如广播、电视、手机、电脑、网络软硬件、卫星系统、远程教学和远程通讯等。（Diana，2010）

信息通信技术一般可以分为两大类，即信息技术和通信技术。信息技术可以概括为软件和硬件，主要包括：计算机硬件、软件、术语和知识管理软件、教学工具、网络学习平台、术语库、自主学习软件、声音识别软件、虚拟现实、增强现实等。通信技术主要以网络资源为代表，包括搜索引擎、平行文本、网上词典、百科全书、邮件、移动终端 APP 和云平台等。（Torres del Rey，2005：110；Diana，2010）

Diana（2010）将 ICTs 技术概括为软硬件、服务以及通过声音、数据和图像支持信息管理和传输的内部辅助设施。它可以概括为三大类：第一类为所有与人交互的计算机类产品；第二类为所有与计算机和网络互联的计算机外围设备；第三类为所有的声音、图像和数据网络以及实现这些操作的必要装备，包括：电视和收音机设备；可以实现数据输入、处理、输出的计算机应用程序；所有的办公自动化软件，如文字处理软件、Excel 软件；个人电脑和软件；服务器类软、硬件设备，用以支撑电子邮件、小组讨论、文档存储打印服务、数据库、网络和应用服务器，存储系统，网站托管、主机空间、虚拟主机服务；数据、声音、图像网络、所有的通信设备和软件；

所有的用以搜集、传输声音、视频、图像信息的计算机信息系统的外围设备，如扫描仪、解码器等；与计算机数据库和应用交互语音应答系统；学生、教师、培训人员使用的计算机和网络系统。

在上述通用分类基础之上，Diana（2010）将 ICTs 技术区分为外设 ICTs 技术（External ICTs）和内设 ICTs 技术（Internal ICTs）。外设 ICTs 技术涵盖所有旨在提高口译员翻译过程、译前准备和翻译效果的、与计算机相连的技术类产品，如摄像头、录音机、录像机、电视、麦克风、耳机、袖珍电子词典等。内设 ICTs 技术主要涵盖旨在提升译员翻译效果的计算机和网络类工具，如线上资源、搜索引擎、在线词典、线上百科、在线数据库、在线术语库、在线平行文本、在线电子规范手册、离线电子资源（如光盘、电脑程序、DIY 语料库、袖珍电子词典等）。

新的 ICTs 技术必然改变传统学习模式。随着 ICTs 技术日新月异的发展，云平台、移动 APP 等使得学习和共享越来越便捷，学习的地点、方式和理念都在发生着巨大变化，机器翻译译文质量不断攀升，为外语和翻译学习提供了越来越多的便利，增强现实、虚拟现实等三维技术开始进入教育教学领域，用以丰富学生的学习体验、增强学习效果。

第二节　ICTs 技术在口译培训中的应用

20 世纪 50 年代之前，柏林大学在语言学习中首先使用了录音机。20 世纪 50 年代初，赫伯特（1952：87-88）首先建议在口译练习和译员评估过程中使用广播、电影和录音等 ICTs 技术。联合国也是最早使用技术手段辅助口译员培训的机构，但当时仅限于磁带的使用。1979 年，联合国与中国政府签订合作协议来建立语言实验室，以期改善汉语教学方式，其中包括视听设备、闭路电视等 ICTs 技术的使用（Baigorri-Jalón，2004）。

20 世纪 80 年代，Varantola（1980：62-63）提出在同声传译教学中使用电视机、收音机以及配备麦克风和耳机的录音机。之后，录像带进入口译培训领域，培训人员从电视上录制需要的内容，根据培训需要重复播放录像（Schweda-Nicholson，1985；Pöchhacker，1999：157）。随后扩展到录音机和录音带的使用，包括真实会议的录音带、收音机上的访谈录音以及真实会议、电视访谈的录像带等（转引自 Pym，2003：91）。这些技术在口译训练中应用的局限性在于学生译员进行的训练都是单向进行的，缺少学生与教师和其他同学之间的互动。

20 世纪 90 年代，从计算机辅助语言学习（CALL）演变而来的计算机辅助口译培训（CAIT）开始出现（Sandrelli & de Manuel Jerez，2007：275）。CAIT 旨在将计算机程序引入到译员的培训过程，借助计算机技术（如程序、网络平台等）改善口译练习方式、提升练习效果。1996 年，意大利的里雅斯特大学首先提出了 CAIT 相关的研究项目，英国赫尔大学也同步推出了类似研究项目（Sandrelli，2003a：211-221）。

21 世纪初，学者开始较为系统地研究 CAIT 技术，但研究相对较少。Diana（2010）曾统计分析了 2003 年至 2009 年 Gile 口译研究信息公报（*CIRIN Bulletin*）发表的论文，其中研究 ICTs 技术的仅占 1.6%，而直接与口译培训相关的更是少之又少。在已有的研究中，Kurz（2002）在自己的研究中讨论了 ICTs 技术为口译训练项目所能提供的便利；Gran，Carabelli & Merlini（2002）、Sandrelli（2003a & 2003b & 2005）和 de Manuel Jerez（2003）分析研究了 CAIT 技术的发展；de Manuel Jerez（2003）在自己的论著中分析了 ICTs 新技术在口译训练和职业环境中所起到的作用；Jimenez Serrano（2003）和 Esteban Causo（2003）在论著中介绍了一些 ICTs 技术工具的优缺点，强调口译译员、培训人员和培训机构需紧密合作，同时加强口译培训工具的研究；Chung & Lee（2004）提出使用多媒体语言教室进行本科高年级口译训练；Blasco Mayor（2005）撰文详细介绍了自己使用电子口译实验室的经验，并鼓励教师将新技术运用到教学之中；de Manuel Jerez（2006）在自己的博士论文中重点介绍了 ICTs 技术和 CAIT 技术在职业和教学环境下的应用；Sandrelli & de Manuel Jerez（2007）讨论了 20 世纪 90 年代中期开始流行的不同种类的 CAIT 工具，并将这些工具划分为集成 CAIT（如数字语料库）、智能 CAIT（创建贴近真实情景的各种练习）和虚拟学习环境（像电子游戏一样将虚拟和现实结合起来）三类；Bao（2009）撰文研究了新技术（包括网络技术）对口译训练的影响，他强调课堂教学和在线网络学习要紧密结合。

随着时代的发展，收音机、电视机、录音机和录像机逐步退出历史舞台，被电脑、VCD 和 DVD 机、CD-ROM、U 盘、移动硬盘、网盘以及云平台所替代。ICTs 技术在口译教学中的应用吸引了越来越多学者的关注，其研究兴趣主要集中在：ICTs 技术的发展前景、ICTs 技术在口译训练中的应用、职业口译员和口译学习者对于 ICTs 技术的态度、观点等。（Diana，2010）

新的 ICTs 技术环境下，原有的课堂学习转向课下学习，从课堂上完整的学习转移到线上不规律的学习，课下、课余学习时间增加，学习比率增加，学习模式更加多元化。科学系统、符合学生职业能力发展和认知习得特点的 CAIT 平台有待深入研究。

第三节　ICTs 技术在口译实践中的应用

20 世纪 70 年代，远程口译技术（Remote interpreting technologies）被引入口译领域。20 世纪 70 年代中后期，迫于实际需要，国际组织首先展开远程口译测试。1976 年，联合国教科文组织举行了名为"交响卫星"（Symphonic Satellite）的"巴黎—内罗毕实验"（Paris-Nairobi experiment）。1978 年，联合国举行了"纽约—布宜诺斯艾利斯实验"（New York-Buenos Aires experiment）。（Heynold，1995：12；Diana，2010）

欧洲电信标准协会（European Telecommunications Standards Institute）于 1993 年进行一系列的"ISDN 视频电话"（ISDN video telephony）研究。1995 年，欧洲委员会（European Commission）进行了"蟠龙工作室实验"（Studio Beaulieu experiment）。1997 年，国际通信联盟（International Communication Union）和日内瓦高等翻译学院发起了首次控制性远程口译实验。在 1999 年和 2001 年，联合国也做了类似的实验。（Heynold，1995：17；Diana，2010）

20 世纪 90 年代中期，学者开始关注 ICTs 技术在口译实践中的应用。Cervato & de Ferra（1995）研究了 CAIT 技术工具在口译中的使用；Mouzourakis（1996）研究视频会议环境下的口译；Jekat & Klein（1996）研究口译机器；Esteban Causo（1997）研究了会议口译和新技术的结合；Carabelli（1999）研究了口笔译过程中多媒体工具的使用。（Diana，2010）

针对新技术和远程口译给口译活动带来的影响，AIIC（International Association of Conference Interpreters）于 2000 年发布了"会议口译新技术使用条例"（AIIC，2000a）和"远程口译指南"（Guidelines for Remote Conferencing，AIIC，2000b）。条例肯定了新技术在改善口译员工作环境、提高译员译前准备和工作效率等方面的贡献，但鉴于远程口译（Remote interpreting）带来的一些弊端，如非语言信息的缺失、译员无法感知听众做出的语言和非语言反馈、无法评估信息接收状况、屏幕闪烁、疏离感等，新技术需要保证在不影响交际质量的前提下进行。为此，译员需要对视频会议和远程口译的可行性进行检测（AIIC，2000a）。远程口译指南建议译员尽可能进行现场口译，在不得已的情况下，需要跟声音和视频技术人员一起准备会议，工作时常不超过 3 个小时，声音质量需要吻合 ISO2603 中频率响应的相关规定，译员视频显示终端需要不间断的显示讲话人（近距离）、听众、主席和会议官员的彩色图像，所有译员会前未获得的发言稿以及其他展现给听众的辅助讲话材料（如幻灯片、图标等）均需同步呈现给译员，其他会议相关资料如议程、投票结果、参会人员名单、时间表等都可以展现给译员，需要单独的频道保证译员与当地译员的沟通联系，能专线联系主席、声音和图像控制人员，还需要配备有传真设施以传输会议资料（AIIC，2000b）。

欧盟委员会的会议口译服务部（Service commun interprétation-conférences，缩写为 SCIC），现更名为欧盟口译管理总部（DG Interpretation），也进行了 ICTs 技术在会议口译中的实验研究。Esteban Causo（2000）撰文描述了新技术在口译实践中的应用情况，分析了新技术利弊。Mouzourakis（2000）讨论了新技术的未来，直接报告了 ICTs 技术在口译工作中的使用。

在学界，学者开始关注 ICTs 技术在口译实战中的应用（Diana，2010）。Djoudi（2000）研究了计算机辅助口译工具的历史沿革，还分析了"Talk & Translate"翻译机器，把机器翻译和语音识别技术结合起来。Stoll（2002，2009）、Will（2000）从口译职业的角度阐述了 ICTs 技术在译前准备和同传箱中的应用。Benhaddou（2002）系统讨论了视频会议的方案。Braun（2004）研究了视频会议实现的条件，尤其是会议过程中单语或翻译时的沟通情况。Moser-Mercer（2005a）研究远程口译对译员在心理、翻译过程和社会行为等方面的影响。研究发现，相比于现场口译，远程口译需要译员解决更多的问题、面对比平时更多的精神和心理压力。Moser-Mercer（2005b）还研究了现场口译对于译员的重要性。Mouzourakis（2006）近年来的远程口译实验，分析了远程口译的利与弊。

Biau & Pym（2006：6）研究发现，在 ICTs 技术给会议口译译员提供的各项帮助中，沟通和记忆这两个方面是译员最为期待和满意的。Lang（2009）借助一家法国在线翻译公司的平台分析了在线口译可行性；Kalina（2009）分析了新技术给口译职业带来的变化及其利弊。Koskanová（2009）研究了远程口译的特点，并将其与普通会议口译进行了对比。（转引自 Diana，2010）

Diana（2010）调研了西方国家职业译员会议口译中 ICTs 的使用情况。

调查显示，译员使用 ICTs 技术最主要的目的是更充分地获取知识和更好地理解原文，从而提升服务质量。译员最看重的首先是准确性；其次是质量。译员对技术的掌握程度和译员的个人喜好相关，但是掌握高科技技术的译员可以更好地提升服务质量。调研发现，职业口译员对 ICTs 技术持有怀疑态度，甚至抗拒，主要原因是他们害怕自己的地位被撬动或是对技术的不信赖，他们只相信自己的记忆。

Diana（2010）的调研结果显示，ICTs 技术主要通过搜索引擎（54%）、术语数据库（53%）和在线字典（50%）等形式帮助译员提升工作效率。44%的受访者认为 ICTs 可以帮助进行倾听和分析，41%认为 ICTs 可以帮助记忆。87%的调研对象认为 ICTs 可以提高交替传译和交替传译训练的专业水平，尤其是在主题知识的学习、新词、表达和术语等方面。调研还发现，对技术的接受程度存在区域差异，非洲国家普遍表现出积极的态度，美洲和欧洲意见分歧较大，亚洲认为技术至关重要，大洋洲普遍认同 ICTs 技术的优势。

随着技术的进步，ICTs 技术在口译职业中的应用正在逐步加强，ICTs 技术对口译译员的辅助作用越来越凸显。借助 ICTs 技术译员可以更好地完成译前准备，高效地处理文件和资料，实现知识积累，比如借助在线词典、百科、术语库和电子规范手册等应用工具提高译前准备效率，借助诸如 Trados Multiterm 实现术语的积累与管理，借助知识图谱进行主题知识的管理与开发等（Diana，2010）。尽管如此，我们需要看到，用于职业口译的 ICTs 技术应与不同口译情景的特殊需求相结合，不断升级进步，以更好地满足译员们的需求。

第二章

现有的口译教学软件与平台

目前，ICTs 技术与口译培训的结合主要有三种途径：集成 CAIT（Integrative CAIT）、智能 CAIT（Intelligent CAIT）、虚拟学习环境（Virtual Learning Environments）（Sandrelli & de Manuel Jerez，2007：269-303）。 集成 CAIT 是基于数字语音库或教室或自学库的资料。计算机在集成 CAIT 中扮演着导师和刺激的角色，其目的是整合音频、视频和文本资源，为学生提供真实的练习素材。智能 CAIT 可以允许教师根据需要创建各种类型的练习，同时为学员提供各种工具以优化可用资源的使用。智能 CAIT 增加了用户和计算机之间的交互。虚拟学习环境应用了仿真技术的各个方面，例如计算机游戏中可用的方面，目的是使会议口译的教学和学习更具沉浸感。

具体来看，上述三种途径的 CAIT 工具主要涵盖如下七种类型的工具：

（1）用于存储口译训练的音、视频等语料库。如，欧盟委员会会议口译服务部负责的欧盟演讲库（SCIC's Speech Repository），该数据库包括 2000 个左右的真实交际情景下的演讲和录像，语料涵盖欧盟 23 种官方语言的演讲，讲座长达 1 小时，也包括辩论或新闻发布会上针对某一问题的短片段，最短的只有几秒钟。材料的选择考虑了 Pöchhacker（1995）根据会议口译环境划分的交际活动类型（Sandrelli & de Manuel Jerez，2007：277-279）。类似的语料库还有 Marius 语料库，该语料库用于收录会议语料，也会获取学生的反馈，以促进教学工具的开发。Marius 收集的材料是适合初学者的非专业性演讲，语速为每分钟 90~100 个单词，最复杂的每分钟 180 个单词，数据库还提供用于会议口译专业课程（360 小时）所需要的资料，控制课程进阶的参数包括术语密度、口音、跨文化差异和讲话的长度。IRIS database 由意大利里雅斯特大学创建，是较早的数据库之一，为专供口笔译译员使用的多媒体数据库。数据库收集真实生活中的交际活动场景，根据学生的专业水平进行组织和分级，可以用于教学或自学。该数据库搜集书面以及口语语料，语料主题广泛、实用性很高，语料库还标记了文本的背景信息、记录并储存译文，同时提供相应的词汇表和内容反馈。此外，类似的语料库还有 MEDATA 会议口译资料库，该语料库目前不对大众开放，专供会议口译员使用。BNC Online 是一个单语、共时语料库，主要收集当代英语口语和书面语词汇使用的一些实例。

（2）单独的口译训练程序。如 Interpr-It program、Interpretations program、Black Box program（Sandrelli，2003a，2005；Sandrelli & de Manuel Jerez，2007）。Interpr-It 最初是为意大利—英语联络口译开发设计的教学软件，之后扩展到多语言领域，成为 Interpretations 的基础。Interpretations 是为了检测 CAIT 的实用性而开发的一款软件，其目标用户是已经接受过交传训练的同传入门学习者。此类程序中的佼佼者是 Black Box program，该程序专门为口译教学开发服务，程序收录了录音材料、音、视频等练习语料，此程序中的计算机是辅助练习的工具，帮助学生提供反馈，计算机可以给学生分配任务并帮助学生进行录音、自我评估，学生可以通过固定的模块模拟实际工作环境，创建连续和联络口译练习，甚至通过即时通信工具发送信息和共享文件。

（3）将音、视频技术整合在一起的口译练习程序。如，DigiLab（Stoll，2002：5），该软件将 QualComm 出品的名为"PureVoice"的语音邮件程序整合在一起（Pym et al.，2003：91）；Tandberg Educational Equipment 将 Divace sound files 音、视频转换的功能整合在一起（Blasco Mayor，2005：2，6），此数字语音录音系统被证实在辅助交传练习时非常有效。（Hamidi and Pöchhacker，2007：276）.

（4）支持口译课程开发的公开网络平台，借助这些平台可以进行在线教学、实现课程管理。如 Moodle、Blackboard、Optima 等网络学习平台，Claroline Virtual Campus 网上学习平台提供网络课程，目前已被译成了 35 种语言。

（5）基于网络平台但同时又融合了语料库的在线学习平台。如 EVAI 网上学习平台，该平台可以创建口译学习项目，其主要目的是改善战争或危机地区口译员的学习环境，通过远程虚拟合作学习，提高受训人员的多语言沟通能力。EVITA 平台设计了虚拟学习环境下的各种学习要素，包括可供学生译员下载的音、视频，学生可以记录口译练习内容、将表现上传到虚拟学习平台上，指导老师有针对性地做出系统反馈等。此类软件的局限性在于未与口译训练步骤紧密结合起来。

（6）借助虚拟现实技术将练习语料与练习步骤结合在一起的训练平台。如 IVY 虚拟现实口译系统，详细介绍参看本章第三节的内容。

（7）其他的一些音、视频辅助处理软件。如，Divace sound files 是一款音、视频材料转换软件，拥有双轨播放器和记录器，可以实现不同版本多媒体资源的相互转换。Audacity 是一款编辑和录制音频材料的免费软件。Elice 是语言实验室中用于视频练习的数字软件。Melissi 是专供语言实验室多媒体教学使用的软件，拥有音频、视频、图片、文本、互联网、电话、MP3、字幕等内容。X-Class 是 Language Weaver 的一部分，后者是机器翻译软件，翻译文本类型包括网页、Pdf 以及普通 office 文本，语言输入量可达 200 万字，有 19 种工作语言。

下文将择取口译训练软件、网络口译实训平台和虚拟现实口译系统三大类中有代表性的 CAIT 软件和平台进行扼要的分析介绍。

第一节　口译训练软件

Black Box 是第一个出于商业目的而开发的口译培训程序，它虽然基于集成的方法，但已经包含了智能 CAIT 的因素（Sandrelli & de Manuel Jerez，2007：282-289）。Black Box 3.0 允许口译培训人员为学习口译的学生定制不同的练习模式，如同声传译、交替传译、联络口译和视译，并让学生评估他们自己练习过程中出现的不同问题，如 EVS 时间差（Sandrelli & de Manuel Jerez，2007：289-290）。Black Box 4.0 可以通过校园网络模拟真实会议，教师可以借助宽带为远程离线口译学习提供支持。

Black Box 是一个同时面向教师和学生开发的软件。教师可以通过软件创建练习，也可以自己创建资源并且上传材料。大段演讲可以被进一步编辑、切分并保存；音、视频中可以添加回声和声音失真等效果来模拟真实场景。教师自行设计的练习模块可以保存，供以后使用。学生的书面作业会被存到"编辑"中，教师可以添加背景和生词表，将位图传送给学生，还可以设置滚动式阅读，控制学生的阅读量。

学生的客户端有使用指南和说明系统，学生很容易掌握。学生界面的下方是音视频控制的调节按钮，左上方是编辑窗口，右上方是视频窗口，左下方是音频窗口。学生可以在播放视频的同时，将自己的翻译录下来，保存在电脑里。阅读时遇到不会的表达可以记录下来，存到术语库中。视频可以进行快放和慢放，对初学者来说很有用。而且，学生可以用自己的音轨代替视频原音轨，或是放进去来模拟真实情况。此外，配有声纹记录，学生可以知道自己的声音变化。

软件可以增加课堂教学效果和学生自我训练效果，为学生进入职场打好基础。通过软件，学生可以强化课堂学习效果，进行强化训练、磨炼技巧。

学生可以以项目的方式进行练习，比学生独自学习收获更多。学生可以组成小组，对同样的材料进行录音和分析，得到反馈。这样学生可以看到自己的长处和短处，也可以及时改正自己的错误。通过课堂学习，学生也能学会如何评估自己的表现，然后通过练习进行改进。通过软件的模拟，译员也可以更快进入职业状态。

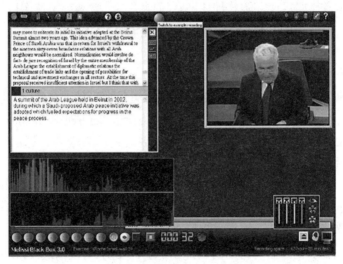

图 2-1　Black Box 3.0 同传练习用户交互界面 [1]

在国内，吴志萌结合自身和其他同传译员的会议经验以及长期自我训练的经验，借鉴欧盟以及外交部翻译室译员的专业训练模式，开发了 IPTAM（Interpreter Professional Training and Acquisition Module）同传训练软件，引导学员掌握职业口译员所需的专能。该软件的理论基础是巴黎高翻的释意翻译理论，训练过程中强调"理解—脱离原语言外壳

1　Black Box, www.melissi.co.uk/BlackBox.

deverbalization—表达"三分法，以意义翻译为目标，而不用拘泥于源语句法结构。

IPTAM 强调 6 步训练[1]。其一，源语复述，复述长度 1 至 3 分钟，以训练短期记忆力、集中注意力，练习的重点在于抓主干、抓结构并记忆"when、who、where and what"。其二，译入语交传训练，分有笔记交传和无笔记交传，有笔记交传需注意笔记的结构简洁、紧凑以及信息要点把握的准确性，强调笔记的辅助提示作用；无笔记交传要求译员舍弃笔记，凭记忆进行源语翻译，译入语干净准确。其三，精听训练，针对听不出来的内容查找文本求证，特别注意弱读、连读、吞音以及不同国家英语语音、语调的适应。其四，视译训练，借助听力文本，边看边说边录音，注意表达时的语音、语气、准确度和清晰度。其五，源语复述训练，在不听原文的情况下，结合视译和以前源语复述中的信息，进行细节性复述。其六，同声传译训练，译语输出力求简短、完整、有意义、自然。在上述练习步骤，系统将保存学习者在源语复述、译入语交传、视译、源语复述等环节的录音，以方便学员复听、对比、学习。（源自"IPTAM 介绍"）

第二节　网络口译实训平台

网络口译实训平台以日内瓦大学的"虚拟学院"（Virtual Institute）、广东外语外贸大学的 CAIT 口译教学平台、台湾杨承淑教授研发计算机辅助学习网站和 Oia 伊亚口译教学平台为典型代表。

2001 年，日内瓦大学翻译学院（ETI，University of Geneva）设立了一个"混合式教学项目"（blended tutoring programme）。此项目要求学生在教师的指导和监管下开展结构性很强的小组学习，学生所遵循的学习模式按照"刻意练习"（deliberate practice[2]）的教学理念设计完成。2005 年 5 月，日内瓦大学翻译学院进行了一项先驱性实验，意图在于评估网络技术环境对教学的促进作用。该网络技术环境是混合式虚拟学习环境，由 ETI 于 2004 年 10 月基于"刻意练习"的教学法原理创建。（Motta，2006）

2005 年 10 月，ETI 正式建立"虚拟学院"，进入混合式虚拟学习环境

1　IPTAM 介绍，网址 https://wenku.baidu.com/view/1d1ce386ec3a87c24028c 410.html，检索日期：2019 年 5 月。

2　美国心理学家 K. Anders Ericsson（1993）提出的一个心理学术语，是指为了获得某项专家技能（expert performance），集中精力练习的学习方法，后来被沿用到教学法领域。

的第二阶段。日内瓦大学翻译学院的虚拟学院以"混合学习理念"为基础，将面对面教学与在线活动相结合、结构化和非结构化活动相结合、个人训练和协作任务相结合，使用多种工具（如共享口译材料和口译员培训档案），以支持教员和学员课内、外的教学或学习。

为了实现资源的充分利用、提高学生译员们的练习水平、解决学生译员练习过程中遇到的困难、提升学生的语言水平和技巧，"虚拟学院"后续增设了旨在共享口译训练语料的 SIMON 模块（Shared Interpreting Materials Online）。利用此模块，教员可以根据自己的需要，得到与教学目标相吻合的教学资料，学生译员在训练时也可以选择适合自己的综合性教学材料。SIMON 的技术框架采用日内瓦大学自己开发的 WikiViz 软件，这是一款根据认知心理学的原理制作的视觉化超文本工具。该软件是一个图像概念系统，其主要作用是将某一语义网络里的概念关系视觉化，软件可以通过相互连接的节点和弧线呈现概念之间的关系，其概念体系架构通过类型和子类型之间的概念联系来体现。SIMON 存储的练习材料以概念节点的形式存储在用户使用的某一领域的层级结构内，同时会展现其他类型的相关语料（如语言对、语言进阶水平）。所有的节点都即时互动。当点击每一水平的练习材料时，这一水平相关的子元素会呈现出来，如相关的讨论区域、经验交流区、同类型材料、现有材料的音视频材料等（Seeber，2006）。

在交替传译 CAIT 平台方面，广东外语外贸大学仲伟合教授带领其科研团队于 2005–2010 年期间依托"数字化口译教学系统的开发与应用""计算机辅助口笔译教学资源库"和"计算机辅助口笔译教学系统（CAIT）的开发与应用"三个科研项目，设计开发了"口译教学训练系统"。

该系统以创建不同的语言环境为出发点，力求搭建教师与学生之间的互动平台。此训练平台的模块设计包含听辨理解、口译记忆、跟读训练、听辨训练、听写训练、复述训练、口译笔记训练、关键词训练、数字口译训练等。该平台结合上述技能设计了详细的训练方法。

听辨理解模块从语音听辨和信息分析两个层面进行练习设计，两项练习分别对应不同的界面，进入界面后进行低、中、高难度选择，学生可以自主训练或教师辅助指导学生训练，材料分类选择（有类别对话框、语音区域、材料种类等），提供用户自定义排序、搜索按钮，方便用户对材料进行筛选。听辨采取听写填空的形式，学生提交，系统自动评分给出答案。

学生可以对信息进行分析，如译群切分、关键信息识别浓缩训练、释义重构训练。

口译记忆模块分为无笔记训练、笔记训练、分心协调训练。学习模式分为自主学习模式和教师辅助学习模式，采用进阶式学习法。无笔记训练模块中，提供如下四种模式，跟读、听背、听写、复述。自主训练时，录音文件保存在本地，辅助训练音频压缩后提交给服务器。

跟读训练环节，学生点击播放，录音同步启动，并且内录和外录同时进行，系统自动保存跟读内容，将语音资料传给教师，提交后，系统弹出材料文字，学生可以重听原音和录音，如果是教师指导给出教师评分对话框。

口译笔记训练分为关键词、数字口译、特定词语、逻辑关系、符号、图像、缩略语训练。口译笔记模块分为两个接口，一个是扫描接口；一个是手写式输入接口。学生可以将笔记扫描成图片传给老师，也可以直接手写式输入，以图片格式保存。

关键词训练要求学生记下关键词提交评估。数字口译训练环节，学生可以设置数字范围、数字单位、数字情景（如新闻发布会、气象预报）等参数，电脑随机从语音库中提取数字进行听写，学生将听到的数字填入规定的方框内，点击提交，系统自动判断正误及评分。特定名词需要强制记忆，系统储备了各类型的专有名词、专业词汇，学生可以向数据库导入。

在同声传译 CAIT 平台方面，台湾的杨承淑（2003）及其团队建成了一个计算机辅助学习网站，为译员训练提供中文和其他六种语言的音频和文字材料，包含英语、日语、法语、西班牙语、意大利语和德语。除了介绍训练的技能，如影子练习（shadowing）、复述（paraphrasing）和概括（abstracting）外，还提供术语和背景知识。此网站，还有一个给学生的在线反馈课程信息的公告板。这一网站与辅仁天主教大学日语系"非同步远程学习网站"（the non-synchronous distance learning website）很好地整合在一起。

2017 年，上海予尔信息科技有限公司与上外高翻和北语高翻合作研发了 Oia 伊亚口译教学平台。此平台将权威教材的口译教学流程信息化，提供权威口译教学法、高品质教学语料、丰富的讲义与示例，涵盖了课前、课中、课后、考试等口译教学中的多个环节；注重功能与内容结合，教与学过程中的互动分享，让学生学习更加便捷，打破时间、地点限制；注重参与者的互动，为口译学习提供交流、分享的生态圈（李建勋，2017）。伊亚口译教学平台将专业教学、课堂教学和ICTs技术紧密融合，将口译课堂延展至课下，辅助教师完成口译教学任务的同时，允许教师完成教学过程中的语料积累，学生可以同步在课下逐项完成严格的技能练习，对于学生循序渐进掌握扎实的口译技能具有很好的辅助作用。但是，此系统学生单向接收居多、从系统接收到的反馈比较少，学生之间及其学生与教师之间缺少积极互动，网络学习的特点未能得到充分体现。

第三节　虚拟现实口译系统

IVY（Interpreting in Virtual Reality）是虚拟现实口译系统的典型代表。

IVY是欧盟委员会支持的一个"终生学习"的研究项目。该项目的目标是借助3D技术模拟商务和社区口译真实的交际情景，建设一个丰富的数字资源库，为口译学生的训练和潜在的口译学习者提供教育服务目标。

此项目借助模拟和真实互动将虚拟环境下经验式学习和自主学习紧密结合起来。系统设有口译模式、训练模式、拓展模式（学习口译基础知识）、真实交互模式（角色扮演）四种交互模式。系统开发的3D虚拟环境包括系列口译交际情景，如商务会议、演讲展示、销售会议、访谈、导游、培训研讨会等；这些情景共享一些3D虚拟学习环境，如会议室、某些公共场合等。

IVY开发的主要内容有双语对话、单语短篇介绍、半正式演讲等。口译训练可用的资源包括视、听资源库、计算机辅助口译练习资源包等，但是这些资源大多是用于会议口译。

在口译模式下，学生译者用自己的头像参与到交际情境中，其他角色由机器人或非玩家来充当，以与玩家进行互动对话。系统还设计了与学生学习相对应的教学活动模式（如口译技能练习、译员角色升级）。系统允许不同群体在使用过程中补充口译需要的多语言语料。

IVY开发过程整合了3D虚拟技术和丰富的口译教学语料。3D虚拟学习环境为教学内容提供直观的、图像化的和多层次的展示框架，较为丰富的音、视频资料切实起到了辅助学生学习和知识运用的目的。

通过本章研究，我们发现，现有的视听数据库和单机训练程序具有一定的局限性。前者语料搜集虽然相对比较到位，但多局限于音、视频的积累，语料的合理利用开发不够；后者缺乏互动，学习过程较为呆板，只能逐一进行技能练习。基于网络的学习口译训练平台，训练过程较为固定，互动形式单一，仅限于在线网络平台在单一模块的文字互动，对学生的学习过程仅保存学习记录，不能完全体现学生个性化学习的特点，学生的学习效果不能准确、及时地反馈，学习成效没有准确的测量，学生学习过程缺乏有效积累，对自己的学习过程不能监控，不能及时反思和循环利用。3D模拟现实技术存在硬件支持上的壁垒，制作和运行成本较高，规模化运作可行性较小，训练专题类知识比较单一，互动的层面受限，不能满足翻译过程中译员对百科知识的需求及其翻译前后对综合性知识的积累吸收。整体来看，口译学习技能性和系统性的结合有很大改进空间，学生自主学习模式有待拓展，互动方式也有待多元化。

第三章

ICTs环境下CAIT系统的设计原则

本章重点研究 ICTs 环境下口译学习与教学模式的变化、口译语料的存储、口译模块的设计原则和计算机辅助口译学习系统的构建原则。

第一节　ICTs 环境下口译学习与教学模式的变化

学习是由一系列的意向、行动和思考来驱动的（Jonassen & Land, 2000）。ICTs 环境下的学习是一种网络学习（e-learning），又称之为在线学习、虚拟学习、分布式学习、基于网络的学习、计算机辅助学习等（Noraini, 2011）。网络学习的要旨在于使用网络技术拓展教学手法，增进学生的知识学习效率（Noraini, 2011）。对于学习者而言，网络学习拥有可以随时随地接入学习资源的便利，且资源丰富、内容多样，学习方式也不一而同，可以是个人也可以是团体。

网络学习要求以学生为中心进行教学，采取多种评估方式，推广教学辅助技术。学生需要具备高度的自主学习能力。教学过程中，教师可以使用网络、卫星电视、影音资料、交互电视、CD 等（Noraini, 2011）。

网络学习需要注重不同学习个体之间的互动，采取不在同一地点但同一时间在线的多用户合作、虚拟、远程协作式学习。借助网络，学生可以对自己的学习技能进行自我和第三方评估，也可以通过收到的反馈，与教师、同学等网络社区成员进行多元互动。（Diana, 2010）

计算机辅助口译学习系统强调以学习者为中心，突出学生的自主学习，属于建构主义的学习方式。口译技能的进阶式分布和训练模式是学生开展自主学习的前提。在口译进阶学习之前，可以围绕要习得的口译技能设计科学的调研问卷（参看附录三），帮助学生初步了解要掌握的知识和技能，帮助他们明确不同学习阶段的学习目的。同时，可以将调研结果与阶段练习后的结果进行对比，把控不同进阶阶段的学习效果。学生也可以根据自己的需要定制适合自己的学习模式、设定适合自己的学习阶段。

ICTs 环境下学习模式的变化导致教师群体的多元化和教师角色的变化。网络环境下不同水平的人群会形成社区，在社区中，掌握不同资源、拥有不同专家优势的个体都可以充分发挥自己的作用，利用不同群体的个体和层次差异，指导学生、配合学生译员的学习。

网络环境下的教师角色也会发生变化，教师不再仅仅是信息的传递者，而是教导者和引导者。远程教师需要投入精力于更多的交际、组织、动员和创造活动（Tella et al.，2001：252-254）。此外，教师需要改变传统的教育教学模式，在远程教学中突出教与学的相互呼应、理论指导与实操训练的有效结合，在技能讲解、练习释疑、点评评价、督促促进等方面发挥更大的作用。

第二节　口译语料的存储和使用

在全方位开放的环境下，语料的搜集、分类和再利用非常关键。整个系统语料的存储设计需要遵循生态经济的原则，保证语料的分类、生态存储和生态利用，否则随着时间的积累，语料将混杂在一起。

口译训练语料可以按照媒介类型、主题、口音、难易程度、原语译语、语料的权威性等来分类存储。媒介类型主要涉及音、视频两种；主题可以涵盖政治、经济、文化、商务、旅游等；口音可以按照国别和区域来划分，如东南亚、非洲，中式英语、日式英语等；不同语料难易程度的划分相对比较复杂，可以依据语流、语速、信息密度、术语密度、专业化程度等来划分；学生在学习过程中生成的语料可以用来构建学者语料，学生学习者语料可以按照训练的子技能和时间节点来留存，原语语料可以把训练平台上模拟会议小组讲话人真实训练过程中生成的语料录制下来，再按照语料分类标准分类；按照语料的权威性可以分为练习语料、模拟会议语料、现场会议语料等。

在注意到上述各个层面之后，语料的存储需要注意到不同层级之间的交叉和架构关系。可以按照如下层级关系来设计平台框架。

一级标准：各个子技能

二级标准：子技能示范语料；难度进阶语料；个人练习语料

三级标准：子技能示范（专家示范）；难度进阶语料（初、中、高）；个

人练习语料（按练习时间排序，分类存储到各个主题下）

四级标准：初（主题）、中（主题）、高（主题）

五级标准：每个主题都有个专家示范

兼容性是资料存储过程中首要考虑的问题。同性质语料的存储需要遵循高度统一的标准，如视频、音频、文字性材料等不同资料。不同性质的文本如流程图、网页语言、注释或是超链接等应允许以不同的格式来保存，保证彼此之间的兼容性。借助现如今的数字扫描设备和 OCR 识别程序，可以将文字性文本与音或视频文件一起归档。资料的存档需要兼顾不同介质资料之间的转换，比如磁带、录像带向数字音频的转换或是声音数据录制到录音带上等。存储过程中，还需要考虑到不同的编程语言、格式标准、电脑性能等带来的问题。

资料存储过程中需要考虑到不同终端使用者跟语料的交互性。系统应该允许个人用户按照自己的目的来使用语料，对其进行裁剪、处理等操作。学生译员可以借助自己的麦克风、耳机、声卡等录制、剪辑声音，并借助资源列表对自己的录音归档、分类存储。

语料的存储和运行平台采用中央服务器或远程工作站的形式，两者各有优缺点。中央服务器可以保证在任何软硬件上运行，不需要在工作站上安装其他产品，可以连接到任何有权限的网络，也可以连接到服务器上的任意资源。广大用户可以通过不同的操作系统，借助同一平台使用这些归档的资源。中央服务器的搭建需要考虑到不同级别的信息系统，保证可以在局域网、城域网或广域网等不同层级的系统中运行。

第三节　口译在线学习模块的设计原则

口译在线学习系统的设计需要注意到网络环境下教与学活动的主体，即教师、学生和不同形式的多媒体。在教育技术领域，何高大（2003）构建了"声、光、色、图、像"一体、以学生为中心的口译教学模式，强调口译"教与学"过程中情景的真实性、交互性以及学习过程中的个性化和发现探索过程。此模式充分发挥计算机"智能教具或工具""教育信息分析装置"的作用，利用网上丰富的口译学习资源，注重多种媒介形式在教与学之间互动，让教师发挥"活动的组织者"的作用，让学生处于"教学活动的中心"引导学生"主动建构"口译知识与技能。

口译在线学习系统的构建需要突显平台的交互性，这种交互性可以借助现有的网络通信和沟通交流工具来实现。口译技能的习得需要系统的练习，交互式多媒体是最理想的支持。如，借助 Moodle 系统，可以完成包括作业分配、课堂讨论、生词表、问答和以内容分享为目标的会议等一系列线上活动。通过模块设置与拖放，教师可以轻松实现管理课程、举办新活动等操作。辅助协调工具允许用户调用平台之外的学习资源，如在其他网站检索双语平行语料库，查找指定的词或短语；检索结果会显示在屏幕上，用户可以进一步选择和打开任何实例，甚至是出现的上下文，让学生学习不同的使用情景。CAIT 也可以借助电子邮件、在线聊天工具等实现系统的交互性（Sandrelli，2003c：76-80，82）。

口译在线学习需要考虑到教师、学生两大主要群体的具体活动需求。广东外语外贸大学的计算机辅助口译教学系统融合了数字化语言学习系统、课堂教学系统、自主学习系统、无纸化考试功能、网络教学管理系统、教学资源库、沟通交流系统、辅助学习系统等多个系统。其中，围绕教师的教学方案与教学策略，系统涵盖了教学内容设计、教学媒体设计、教学方法设计、课堂教学结构设计、教学表达设计、教学信息反馈设计等详细内容，与教师的教学活动高度吻合。围绕学生群体的学习评价，系统设计的功能模块主要涉及收集学生的学习态度、学习行为、认知水平等学习评价资料的方法，包括态度量表、结构化观察、考试等。

口译在线学习系统的搭建需要坚持多模态的原则。康志峰（2012）提出了坚持"立体式多模态口译教学"的原则，强调利用教师、学生、教材辅助磁带、录像带、粉笔加上虚拟空间、虚拟现实、互联网等方式搭建立体式多模态的口译教学。在教学过程中突出学生的主体性，通过网络协同教学、虚拟仿真训练、网络远程训练、写作训练、多媒体个性化训练等进行"应用型现代化立体式"口译教学。

高效的网络学习环境是在线学习的关键所在。Noraini（2011）建议高效网络学习课程的设计要考虑多媒体教学、自主学习、高效学习、引导交流四个因素，学生需要高度参与进来。口译在线学习需要使用真实素材；在学习过程中，学习者需要进行自我主导式学习，即明确学习目的、建立学习目标、制定计划并执行、定期回顾、评价学习效率；高效学习，口译材料的选择要适合学生并且和学生切实相关，学生学习过程中的满足感应得到充分关注，教师应该提供真实可靠、高质量的资料，付出精力和时间完成教学大纲；教师与学生通过邮件或评论的方式开展同步或者错峰的线上线下互动。

口译在线学习模块构建过程需要知识导入、深入学习、评估反馈、合作交流四个层面的有机结合，可以通过多种方式将这四个步骤组合起来。其中，知识导入环节的主要意图在于把学习环境、学习内容、教学信息等教师需要传达给学生的内容展示给学生；深入学习阶段允许学生在选择他们最感兴趣的内容的基础之上进行深入拓展学习；评估反馈的目的在于判断学生对学习内容的掌握程度；合作交流是在教师和学生之间、学生与学生之间建立同步或不同步的线上沟通交流机制。

具体来看，口译在线学习系统涉及的模块可以包括：知识导入模块，展示教师的指导意见、大纲和课程梗概；课程更新模块，用于通知学生有关课程、教学信息等；译前准备模块，包括主题关键词、阅读主题、PPT或 PDF 格式的阅读笔记、阅读材料；线上活动模块，比如声音练习、口译练习、听力问答等；小组项目模块，方便组内学生交换意见、信息和教师指导；术语和新词模块，学生借此可以上传、分享新的术语、词汇和表达方式；资源链接，包括主流搜索引擎检索到的主题相关的网站链接等；评估反馈模块，将教师反馈、同伴评价、问卷调研有机结合起来，根据不同的习得技能设计有针对性的调研问卷，引导学生的同时为改进教学方法提供支持。

第四节　CAIT 系统的构建原则

平台的大环境设计应注重人人交互、人机交互两个层面的互动以保证技能练习效果。平台的内容设计应坚持过程导向的训练理念（processes-oriented interpreter training），按照不同的子技能和习得阶段设计练习流程。在设计理念上，应突出以学生为中心和建构主义的学习理念，将认知技能训练纳入口译技能训练，技能练习的进阶设置也需要尊重学生的认知发展规律，对学习者语料难度和存储方式也要进行科学量化和有效地层级控制。平台设计应融合多学科最新成果，力求帮助学生译员实现专业化学习、协作学习、个性化学习和智能化学习。

CAIT 平台搭建的目的之一在于跨语际的资源整合和多层次、多领域专家技能优势的优化。通过此平台的搭建，可以有效整合国内外语言资源、口译相关的教育教学资源和不同母语的学生资源，同时对这些资源进行合理化配置，发挥不同领域的专家技能。此平台不是一个单纯面向单语学习者进行自主口译学习的平台，而是要借助远程合作学习模式，利用中外合作院校的资源，建立中外学生的虚拟学习社区。这也是解决单语环境下口译课堂存在的语言环境问题、提高语言交互的真实性和技能练习效果的最佳途径。在这一平台上，学生将改变被动学习和机械练习的传统方式，采取主动学习和自主练习的方法。

开放性是网络环境下的计算机辅助口译教学的首要原则。口译是一种交际技能，其技能养成需要在尽可能完善的交际环境下进行。所设计的平台通过分角色、自由组建不同子技能的学习小组，模拟口译学习的真实过程和真实情景，通过不同群体的在线即时互动提高子技能的学习效率。此外，开放性的平台可以保证语料的多渠道来源，允许学生译员在线上传、分享语料，同时在线生成训练语料和学习者语料。

交互性是此平台的第二大特点。平台在资质审核时，允许有不同语言特长和专家技能的学生或专家译员注册，平台根据成员的学习层次和专家技能水平设计经验值，允许不同语言能力和语言层次平台成员发掘各自需要，搭建个性化定制的平台。学习过程中，不同水平的参与对象按照学习需求、能力特长和专家技能，通过自由选择和角色扮演，完成专家技能的分享和在线传授。此设计原则的主要意图在于充分利用网络环境下的交互式、协同学习模式，成员之间根据技能练习需求组成真实小组、在线互动，同步生成鲜活的语料，由此来弥补我国单一语言环境下语言资源缺乏和缺少专业人才指导的困境。

认知技能训练在 CAIT 系统设计中应该得到充分体现。会议口译无论是交替传译还是同声传译归根结底是个认知处理过程，是个语言的加工处理工程。对同声传译和交替传译技能的认知分解可以大大增强学生译员对口译过程的元认知，提升口译技能自我训练能力和习得效率。学生通过对这两种不同口译形式的微观认识可以明确不同子技能的训练目的。单项认知技能的训练可以帮助译员提升认知机制的认知处理能力，不同话语和语篇类型的针对性训练可以提升译员对同类语篇的认知处理效率和语篇信息处理技能和技巧。

个性化学习是 CAIT 系统构建的另一关键原则。系统将允许学习者构建自己的个人学习数据库。学生可以根据自己的需要定制学习，跟踪记录自己的训练和学习进度，亦可以定制自己的主题资源库，生成自己的练习语料库，并对自己的训练过程进行会听、标记、梳理、反思，同时实现学习过程中学习资源的有效积累和终身学习。

终身学习也是 CAIT 系统构建过程中需要贯彻的一个基本理念。现有的口译教学和口译学习，存在很多重复工作和资源浪费的情况，不同个体的学习过程相互独立、不存在任何知识的交叉和交互。借助此平台，学生译员可以结合自己的学习过程、实习实践和职业从业经验构建自己的个人知识库和个人图书馆，以实现个人知识的积累和领域知识的构建，促进自己兴趣领域、优势领域的形成和将来的职业定位和职业发展。此平台还将设置资源共享与交易模块，该模块允许有经验的译员、有特定资源和积累的译员无偿或有偿分享自己的专家技能、经验、资源、术语和知识库。

此平台的构建需要融合多个学科的理论和最新研究成果。具体来讲，需要将口译能力阶段化培养模式和训练方法直接应用于口译技能的进阶训练；基于云平台实现数据和资源共享，解决资源短缺问题；将单项认知技能训练融入口译技能练习，提升学生译员的认知能力，提升口译练习的目的性和有效性；贯彻建构主义和终身学习的理念，实现知识的有效积累、促进职业生涯的发展；借助机器翻译提供有针对性的内容辅助，降低练习难度，提升练习的效果；突出个性化学习和协作学习，支持构建个人知识库、个人图书馆和资源共享；围绕口译教与学的过程中遇到的难题，进行有针对性的设计；充分利用网络和多媒体技术，优化视听说资源的利用方式，提高练习效果；为口译能力的培养提供系统的技术解决方案。

第四章

认知技能训练在口译教学中的应用

本章从现有口译理论和口译教材所提到的口译活动所必须的认知机制及其训练方式入手，系统论述口译认知技能训练的理据，并结合认知心理学常用的实验方法，探究口译认知技能训练的新途径。

第一节 现有口译理论和口译教材中的认知元素

国际上，Gile（1995，1997）提出了著名的精力分配模式。这一模式认为，交替传译听辨理解阶段主要涉及译员的短期记忆，输出表达阶段主要涉及译员的记忆机制；同声传译主要涉及译员的短期记忆能力。

Setton（1999：10）将口译看成一个统一、完整的感觉神经处理过程。这一过程中，已经明确的认知操作或认知机制包括：口译是个知识整合（knowledge integration）、概念重构（reconceptualisation）和源语同步生成（spontaneous generation of TL）的感觉神经处理过程（Seleskovitch，1975）；口译的媒介机制是一个由多语言连结在一起的节点构成的语义概念网络（semantic-conceptual network）（Moser-Merser，1978）；翻译是一个信息处理过程（Darò and Fabbro，1994）；记忆是口译的中间认知过程（Gile，1995，1997）。这些模型各有各的贡献，但都将核心的认知和集成处理过程忽视掉了。基于此，Setton（2002）重点研究了译员基于语用线索（pragmatic cues）进行不同层次理解、记忆、表征和策略表达的过程。

De Groot（2000：54）将同声传译看成是由若干"子技能"构成的、复杂的认知处理活动。De Groot 认为，这些"子技能"，如感知、听取、表述、推理、决策、问题解决、记忆和注意力等，都能独立成为认知心理学的研究客体。而且，这些"子技能"可以在"脱离上下文"（context-free）的环境下经过训练来实现不同程度的"自动化"，这些"自动化"的"子技能"通过"迁移"（transfer）在译员执行完整、规范的口译任务时发挥作用。De Groot 还认为，为了便于注意力的分配，这些"子技能"在译员的整个口译能力中应该是保持相对独立的。基于此，De Groot 建议在译员培训过程中对同传译员的这些"子技能"进行分离式的自动化训练，如词汇识别、词汇提取、等值词翻译、陈述拟制的屏蔽、注意力控制等。

国内口译教材的编写群雄汇聚，百花争艳，其中部分教材的编者同时为职业译员、口译教师和口译研究人员，这些教材中都有针对学生译员认知能力进行训练的操作和论述。

王斌华（2009）在自己的论著中提到的专项认知训练有：短期记忆训练、语义性记忆训练以及针对感知存储、选择注意力、记忆阈限和逻辑命题的训练，还针对积极理解和调动认知补充的技巧进行专项训练。

王斌华（2009）认为，在认知层面，快速反应能力和出色的记忆力是译员的基本素质之一（p.4）。在译员训练过程中，他特别强调口译记忆的重要性，将口译记忆训练作为"口译技能重要的一环"（p.82）。王斌华（2009）将记忆看成是一个存储与提取的过程，主要采取意义记忆的方式，在听辨理解的基础上完成记忆。在听辨过程，译员充分调动自己的"动机"，经过"注意力筛选"，保留"有意义"的信息。译员记忆时，借助"关键词"，对信息内容进行"条块化处理"，使之成为以"命题"为单位的"意义模块"。王斌华（2009）认为，口译记忆的核心是"理解记忆"与"意义记忆"，译员需要对源语意义和"译者的思路"进行分析整合，建立起意义模块之间的联系。针对长期记忆，王斌华（2009）强调记忆中信息存储的重要性，尤其是针对语篇意义的记忆，比如声觉记忆、视觉记忆、意义记忆和成像法等。他认为，长期记忆的信息提取速度、激活水平对口译的成功与否和工作效率至关重要，应该加强长期记忆的"检索和提取速度"训练。此外，记忆效率的提高需要注意源语的"逻辑线索"，同时对主次信息进行"有机整合"。源语语篇的意义架构可以借助主题词、关键词和逻辑线索三个层面来获取。口译过程中，还需要注意利用笔记对口译记忆的辅助作用，同时学会利用声觉记忆、视觉记忆和意义记忆等记忆方法提高记忆效率。

表 4-1　交替传译练习过程中涉及的认知机制训练

练习目的	练习方式	练习细节
扩大记忆容量 信息的条块化处理	以关键词为基础； 转换为以命题为基本单位的意义模块	
理解记忆与意义记忆	信息筛选；分析整合，建立各个意义模块之间的关系	缩小记忆的量和负荷
提高记忆效率 提高信息检索和提取速度 提高信息处理深度 提炼话语逻辑线索 进行信息整合	语段概述；信息框架及语篇复述；段落复述	信息点之间的组合关系：标志性的话语线索以及时间、顺序、因果、对比等逻辑线索；把握时间顺序、空间、分类、比较、逻辑论证等语篇结构关系
信息的存储和提取 重现意义的架构	跟读练习（按照不同的意义单元、意群、句子、段）；复述练习（源语复述和目标语复述）；逐句复述；语段复述	口译记忆的对象：开头结尾、主题词，关键词、逻辑结构构成的意义框架；借助口译笔记，提高记忆的准确性；借助声觉记忆、视觉记忆、意义记忆、成像法等常用记忆方法

王斌华（2009）：82-119

任文（2012）在自己的论著中也强调了记忆训练，尤其是短期记忆的训练，还强调对集中注意力的训练。戴慧萍（2014）将记忆训练看成"交替传译中最基础和最重要的能力"之一。记忆训练的目的就是使译员能够最大限度地提高自己的记忆能力。他在自己的教材中突出短期记忆的重要性，在开始口译技能训练前坚持进行两周的记忆训练，包括对记忆能力、长期记忆和有效的短期记忆、工作记忆的训练（p.2）。戴慧萍认为，记忆的本质是对"感知过、思考过、体验过的情绪、情感、动作等进行识记、保持、再认、重现"。口译的工作性质和时间限定要求译员的长期记忆具备丰富的知识储备，还需要有效的短期记忆机制来帮助他们在"有效的时间和无限的压力下"完成口译任务。口译活动中，短期记忆直接称为口译中的工作记忆，这种工作记忆能力"有可能也有必要通过针对性的训练来培养和完善"。

邓轶、刘莹和陈菁（2016）在自己的论著中特别强调短期记忆和长期记忆的重要作用，特别突出记忆类型、信息记忆对口译的重要性，作者主张采用组合记忆和不同的记忆方法提高记忆效率，如形象记忆、图像记忆、静态形象记忆和动态形象记忆（空间结构、人物景象、事物描述、动作完成类）。口译过程中涉及的其他记忆方法有：数字归纳法、感官记忆、关键词记忆、预测检验、比较记忆、回忆记忆、路线记忆等。

第二节　口译认知技能训练的理据考证

口译认知技能训练与学界对口译认知过程的研究密不可分。口译认知研究在翻译学研究中已有多年的积累，现有研究在开辟新的研究领域和研究路径、奠定口译认知技能训练基础的同时，在研究对象、研究目的、研究方法等层面还存在方方面面的问题，厘清这些问题更有助于口译认知研究的拓展和认知认知技能训练的系统提升。本节将集中论述、探讨口译认知技能训练的理论依据。

一、专家技能的"解构"与语用推理

Ericsson（1993，2004）建议从专家技能（expert-performance or expertise）的视角出发来研究阐释同传译员的专业技能。职业译员的专家技能指译员经过长期的口译实践过后在执行口译任务时所表现出来的综合性技能和能力。Errisson认为，口译员专家技能的获得并不是通过偶然从事相关领域的活动，而是通过刻意练习（deliberate practice），即长期从事高度结构化的活动（highly-structured activities），以促进口译员某些特殊层面和媒介表征（mediating representations）的发展。

Ericsson建议，职业口译员专家技能的研究可以以职业译员和没有口译经验的双语者为观察对象，找出能抓住口译关键的代表性任务，然后对可重复测得的高级技能进行过程追踪和实验分析，最后审视这些专家高级技能的中间机制（mediating mechanisms）是怎样获得的。Ericsson认为，职业口译员专家技能的媒介机制基于口译员对自己认知过程的内省式分析（introspective analysis）。口译过程中的职业口译员不是以完全自动化的翻译过程（fully automatic translation processes）为媒介来完成的，而是借助心理表征和心理机制来更好地控制其翻译技能（Kiraly，1997；Seguinot，1997；Shreve，1997）。译员执行任务时的自由程度（通常被看成是自动化的结果）可以认为是既得表征和优化表征（acquired and refined representations）作用的结果，通过对表征的提炼，专家译员可以等待、集中注意与翻译相关的信息层面，并在这一层面增加长期工作记忆的控制和存储，而屏蔽其他不相关的层面。

在上述理论的影响下，对职业口译员的同传技能进行"解构"研究（component-skills approach）成为同传研究领域内最具代表性的研究范式之一（De Groot，2000；Setton，2002；Christoffels，De Groot，& Waldorp，2003；2004；Christoffels，De Groot & Kroll，2006）。在此研究范式下，Christoffels，De Groot & Waldorp（2003）集中研究了记忆和词汇提取在同声传译中的角色。他们通过实验证明，对于未经培训的双语者而言，词汇翻译效率和工作记忆构成同传能力两个必须的子技能。Christoffels & De Groot（2004）认为，理解和产出的共时性、输入话语的转换两个子过程是造成同声传译复杂性的主要根源。他们在话语转换层面，将再表达（reformulation）与语言转换（language switching）区分开来。Christoffels，De Groot & Kroll（2006）在研究同传译员的专家技能和语言熟练程度与同传能力的关系过程中，再次证明了记忆（工作记忆）是同传的一个关键性子技能。

Setton（2002：2）引用 Shlesinger 的观点对同声传译任务的可分解性提出了质疑。他们认为，同声传译所涉及的是有意义的、上下文中的材料。因此，对同传任务进行分解是存在问题的，而且通过解构的方式来研究同声传译的认知过程本身就是一个自相矛盾的观点。Setton（2002：4）还指出，该途径的研究，除去遇到的来自"子任务"自动化程度区分（即区分自动化、可自动化和控制性任务三种不同的自动化程度）上的困难外，还很难在特定场合的话语交际任务中有效地区分开词汇提取（lexical retrieval）、词汇等值翻译（word translation）等子过程。

与技能"解构"研究途径相反，Setton（2002：10）主张通过解决现有口译模式化过程中呈现的问题来缩短并缝合口译模型与口译数据之间的缝隙，构建完整、统一的口译处理模型。他结合记忆与元表征的关系以及话语处理过程的实际操作技巧和语用因素来模式化口译过程，并最终从语言学、语用和认知的角度得出了自己对口译任务解构划分。Setton（2002：20）将口译任务看成是下列子技巧和能力的组合：1）包括语用线索（pragmatic cues）在内的原语各层面的理解；2）在线和非在线的上下文信息的获取（context acquisition）；3）元表征构建；4）敏捷的句法及其译出语的丰富词汇。

Setton 提出的解构模式与以 De Groot、Christoffels 为首所倡导的解构主义研究模式的主要区别在于：1）把话语特征和译员的话语处理过程考虑在内；2）强调共时性和上下文对口译认知处理任务的限定；3）在兼顾各个话语层面的话语含义的同时，强调句法、语义、语用在口译认知过程中的统一，将语言、言语作为口译认知处理的中心环节。相对于解构主义研究途径而言，Setton（2002）更侧重于认知语言学的研究途径。他对口译任务的解构划分，实质上遵循的是一个从语言表层含义到语用信息加工、再到深层次语义加工的研究范式，是对同声传译话语理解过程和生成过程的一个深层次的阐述和较全面的概括。

Christoffels 等采用纯粹的认知心理学对心理机制的划分方法和实验方法来研究译员的局部口译认知处理任务。他们的研究在一定程度上脱离了真实环境下口译任务的在线处理过程，未能考虑到口译任务的复杂性和完整性，将职业或非职业译员的认知机制在话语处理上所表现出来的特殊能力与局部口译认知处理任务混淆在一起。因此，通过测定译员这一特殊职业群体的认知机制在话语处理过程中所表现出来的认知特征来鉴定口译认知过程中的"子任务"是不可取的。但是，作为测定口译译员某一认知机制的认知处理能力是无可非议的，其某些认知心理学的研究方法也是可取的。因为，译员可以看成是一个特殊的认知个体，其认知机制经过特殊的训练和实践肯定是区别于非译员个体。因此，解构主义的研究范式应该侧重不同水平译员的认知机制的研究。

从上述分析可以看出，同传任务的可分解性及其分解方法的问题所涉及的不仅仅是口译专家技能的构成，还涉及口译研究的方法论，尤其是局部研究和整体研究的有机统一。译员的专家技能应该是语言能力、交际能力、认知能力等各种能力的综合性概括。上述两种不同的解构模式对口译技能和口译任务进行的不同角度的分解点明了同声传译研究所涉及的不同层面，是针对口译不同层面的局部研究。Setton 的质疑并不能否认"技能解构"研究途径的研究价值，口译实践过程中一体性和完整性并不能否认口译技能习得过程中的阶段性和解构性。口译认知研究在研究单个认知机制的同时需要注意到口译认知过程的完整性，将不同认知机制的协调考虑进去。系统、科学的口译研究应该是在明确其整体框架的基础之上，再进一步探索其局部特征。局部特征的研究方法需要考虑到整体的特征个性，而不能脱离其整体特征展开局部的研究。此外，还需要明确口译认知研究的目的，即提升口译教学和口译练习的效率。

二、口译认知研究：目标、过程与方法

口译认知研究实质上是将不同级别和水平的译员（包括学生译员、初级译员、专家译员等）看成一个认知个体，研究其口译过程中认知机制的认知活动。口译认知研究需要研究人员把握研究的目标、口译活动自身的认知处理过程和相对应的研究方法。

1. 口译认知研究的目标

口译认知研究的前提是把译员作为一个认知主体，从认知视角研究其认知机制、阐释其认知过程。

口译是在特殊交际环境下实现的一种特殊的语言处理活动，是人类的一种特殊认知活动。口译的特殊性体现在认知处理机制的特殊处理能力。口译译员在完成从译前准备到译出语再表达的整个口译交际过程中都是不同认知机制协调作用的结果，口译活动的每一步都是认知机制的高效运作紧密结合的结果，如图 4-1 所示。就译前准备而言，该过程是一个短期记忆存储转化为长期记忆存储和知识构建的过程；原语理解则是一个感知、注意、短期记忆存储、长期记忆激活、推理和问题解决的过程。口译认知研究的任务在于揭示不同口译处理阶段所涉及的认知处理机制和认知处理过程。

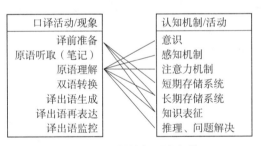

图 4-1 口译认知研究架构

口译的认知处理过程是个语言的理解与再表达的过程，只是以口译为目的地理解与表达，不同于普通的阅读理解与语言表达。交替传译与同声传译各自的特殊性由其各自的交际环境决定。交替传译中译员的理解是双语存储系统激活和语义表征系统构建的过程，其存储效率和语义表征构建效果将直接影响到口译的效果。针对不同认知机制的训练有助于提升译员的口译能力，针对学生译员的认知训练有助于学生了解口译的认知处理机制，高效提升口译训练的效果，帮助学生译员做好元认知监控。

2. 口译的认知处理过程

口译是一项高度职业化、多任务共时处理的专家技能活动。此活动要求译者具备一定的基本能力和一些特殊的专家技能。口译译员的基本能力通常由三部分组成：语言能力，交际能力和认知能力，三者构成一个相互依赖的整体。这三种能力是随着口译译者掌握运用第一、第二外语的水平的提高和认知的发展成熟程度而逐步发展起来的。专家技能是在基本能力的基础之上进一步发展形成的，专家技能可以通过学习、培训和实践来获得，专家技能的习得是一个认知发展过程。

关于职业能力，Gile（1991）主张职业译者应该具备某些特殊的"心理能力"（mental aptitude）。根据 Gile（1989）的相关理论，这种特殊的心理能力，可以概括为出色地掌握和运用语言的能力、灵活控制和保持精力平衡的能力、充分调动丰富的术语储备和认知补充的能力。除此之外，共时信息的高效处理能力也是译者职业能力的一个重要组成部分。

关于口译员的职业能力，Setton（1999：21）指出，其衡量需要考虑如下因素：其一是外部因素，如声音信号和可视性，这两者会影响到译员的感知程度和上下文推理线索的多少；其二是译员理解和生成过程中解码和编码阶段的语言能力，如消极词汇的识别、积极词汇提取、句法和话语的灵活性等；其三是理想环境下话语连贯表征构建的容易程度，此容易程度主要取决于话语的特征如语义浓度、信息结构、元表征需求（metarepresentational demands）、讲话人的韵律和关联点的使用等，译员背景知识也是一个决定因素。高效的语言处理能力是口译成功的关键。

口译学习者需要具备扎实的双语能力。双语能力是译员为达到交际意图，调动和使用双语词汇、组织句法、生成话语的能力，是一个调动听众认知和情感，促使其理解、达到交际目的的过程。双语词汇是译员双语能力的决定因素。单一语言环境下，双语词汇存储系统是双语能力的重要组成部分，其双语存储系统间的关联和表征关联模式是其双语能力的决定性因素。除双语词汇外，双语能力主要表现为动态的话语处理能力。口译过程中双语词汇的处理主要涉及双语词汇的检索效率、关联、激活模式和自动化程度问题，即译员从词汇音、形刺激信号出发进行词汇激活、词汇检索、词汇解码和话语表征构建及其在此基础之上调动长期记忆内背景知识，借用背景知识帮助确立语言含义的过程。口译员的词汇处理是个高度自动化的过程。一般的词汇处理，都是一种潜意识下注意力耗费极小的解码、监控过程，在遇到特殊词汇信息时才增加注意力的分配，进行较深层次的处理。

单一语言环境下，双语者二语语义的表征模式是随着二语习得水平的发展而不断变化发展的，随着二语水平的提高双语表征关联的自动化程度会不断提高，其接入途径也会发生变化。语言是不同的符号系统，语义表征是长期记忆内一个独立于语言符号系统独立存在的存储机制。二语语义表征的建立是一个逐步发展变化、形成的过程。在中国单语汉语习得环境下，二语习得的最初阶段是在母语词汇的基础上通过与母语词汇的等值匹配而建立其语义表征的，此类二语习得词汇的语义表征共享母语的语义表征；对于只有在二语社会文化环境下才存在的某类二语词汇，其语义表征在二语习得过程中如果没有实物、动作参考，二语习得者只能在母语对等词汇的基础上、在母语生活环境下所积累起来的非正式语义表征的基础上建立片面、局部的语义表征。随着二语词汇的发展及其二语使用频率和熟练程度的增加，附着在母语基础上的词汇逐渐汇聚、并模块化，逐渐形成自己的、独立的心理词典，并根据母语与二语的可迁移特征、二语的语法规范、词类特征等形成自己独立的组织结构。其语义表征对于绝大多数词汇还是与母语语义表征混合使用，只是二语通达语义表征的机制越来越发达，逐渐脱离对母语的依托关系，从二语的语言符号和语音符号出发直接通达其语义表征系统。而且，在绝大多数情况下，随着二语技能的提高，没有必要进行语义的深度激活，只需在元监控机制的监督下进行系统的语义解码。至于那些独立于母语的二语特有词汇的语义表征会在母语等值词汇的语义表征的基础上以拓展的方式丰富，不会形成独立的语义表征系统，除非两种语言的语义表征内容差异特别大的时候，这样就会构成混合语义表征系统。但是随着二语独立语义表征的发展会形成相对独立的二语表征。母语的语义表征系统和二语的语义表征系统多数情况下是重叠的，但是某个语言文字社区所特有的语义表征一般情况下不会作为独立的语义表征系统独立存在，而是在其母语表征模式的基础上通过类比、对比核心至外延等模式来补充、扩展、完善原有的语义表征系统。

实际上，现有的口译过程的理论学家区分两种翻译路径：其一是字符转换；其二是基于意义的转换（Fabbro & Gran，1994；Paradis，1994；De Groot，1997，2000；Massaro & Shlesinger，1997；Bajo，Padilla & Padilla，2000）。字符转换，包括词汇和多词单元的字面转换。而基于意义的翻译是指原语意义首先被完全理解，然后再在概念层表征出来，再从此非话语形式的概念表征出发，生成目的语（Christoffels，De Groot & Kroll，2006）。上述研究表明，如果口译是通过字符转换的形式进行的，等值词汇的提取效率对于口译成功与否将十分关键；如果基于后者，那么概念的词汇检索速度将对口译任务成败具有关键作用。

译员双语词汇的丰富程度、语义通达机制（语义切入速度）、双语表征模式、双语转换途径、词汇概念激活和表征构建效率及其词汇处理的自动化程度将决定口译效率。口译过程中，词汇处理层面可以看成是口译的一个基本层次。基础词汇的提取效率与口译的成败息息相关，个别词汇的卡壳会影响整个口译处理过程的处理效率。关键词和核心术语的词汇提取速度和目的语中等值词汇的提取速度对于口译的成败起决定性作用，与某一概念相对应的词汇的提取时间应该尽可能缩短。基于词汇（尤其是关键词）构建连贯表征的效率决定译员的理解速度。

需要特别注意的是口译过程中的词汇处理不是独立进行的，而是语言处理的一个有机组成部分，而且具有高度自动化的特征，这一处理过程与其他层面的认知处理有机融合为一体，比如非言语信息的监控与过滤、基于语用信息的推理、认知补充的激活、非言语信息的传达、口译传译策略的运用、元认知监控等。

口译过程中，工作记忆所加工的不是单个词汇，而是不同层级的语义表征。Setton（2002：13）将译员构建的心理表征称之为元表征（metarepresentation），认为这是人类的一种高级认知功能，可以通过两种类型的心理操作来实现。其一是对抽象或设想性事件、物体、状态表征的构建；其二是对他人信仰和信念表征的构建。Setton 指出，元表征和语言是相互关联的，这两种类型的表征都能通过语言反映出来。译员在传译过程中，会以逻辑命题为单位构建事件、动作、状态等局部表征，并按照句法所体现出来的逻辑关系和语篇架构构建更高层次的表征，并存储在工作记忆或激活长期记忆所对应的情景。在此基础之上，译员需要结合同传和交传交际情景的限制切割句子、决定理解单位、传译单位，协调同步任务的精力分配，完成传译。

口译过程需要充分调动语用推理，以构建连贯的心理表征。在话语处理或表征构建过程中，话语的下列句法、语义特征会构成话语处理的难点：纯粹的句法困难；语义或者说命题浓度，即一个从句里所包含的命题个数（Dillinger，1989）；不规则的句法、语义搭配，特殊的信息结构、主谓关系等；逻辑顺序等。鉴于话语信息的复杂、多变性，Setton（2002：15）建议注重语用指示信息（pragmatic guidance），如词序、节奏、韵律、对比、强调等因素，积极展开语用推理。但这些会增加话语接收的难度。

3. 口译认知研究之方法论

现有的认知心理学方法在口译研究中的适用程度、适用范围和使用方式是个值得深入探讨的主题。口译认知研究需要明确其研究客体、研究目的，同时对研究客体进行理性分析，明确研究步骤、方法，得出科学、完整的实验方案。

口译实证研究的对象应该是译员作为一个认知主体其认知机制所具备的特殊认知处理能力和所采取的特殊认知处理过程。口译认知研究具体的研究对象包括学生译员、职业译员、双语人士等，可以利用这些群体存在的认知差异研究口译能力的构成和习得。口译认知研究是围绕语言处理展开的。语言与认知机制是密不可分、相互依存的关系。语言是认知机制的处理对象，认知机制是以语言为依托展开活动的。

实证研究是现今口译研究的必然发展趋势之一，但鉴于口译认知的复杂性和现场性，其成熟度和规范性还有待进一步发展。实证研究是以信息加工为研究范式的现代认知心理学的主要研究手段。实证研究允许研究者严格控制实验条件，系统操纵自变量，观察因变量的变化，探讨变量之间的因果关系，有助于研究者搜集资料、验证假说，提高研究的信度和效率。

在国内，刘绍龙在《翻译心理学》中根据统计学的相关分析方法系统介绍相关实验设计方法，并未结合口译认知研究的特殊性对口译认知过程做实证研究。张威等结合心理学的相关研究方法，研究工作记忆与口译能力的关系，做出了口译实证研究的第一步尝试。

在国际上，口译实证研究的典型案例要数 Christoffels 和 De Groot 研究小组的研究。Christoffels，De Groot，Waldorp（2003）曾集中研究记忆和词汇提取跟翻译能力的关系。他们借助认知心理学的研究方法来测试未经过职业训练的双语人士（untrained bilinguals）认知机制的认知能力。他们借用两种语言的阅读阈限测试（reading span task）和母语的口头数字阈限测试（verbal digit span task）来评估双语人士的记忆能力，通过图片命名（picture naming）和词语翻译任务（word translation task）来分流出两种语言的词汇提取时间，同时将执行这四种任务的能力与未经过训练的双语者的口译能力进行相关分析。研究结果发现，词语翻译和图片命名反应是与翻译能力相关；数字阈限及其阅读阈限与同传技能相关联，但关联相对较弱。绘图模型分析（graphical models analysis）结果表明，词汇翻译效率（word translation efficiency）和工作记忆是未经过训练的同传译员口译能力的两个必不可少的附属技能。

口译是多个认知机制协调作用的结果，在此前提下，认知心理学现有的实证研究方法只能用于译员局部认知机制的认知能力的测定，很难应用于译员在线认知处理过程的研究。一个传译过程至少涉及注意力、工作记忆、长期记忆、双语表征系统等多个认知机制。口译认知处理任务的复杂性决定了现场或在线研究译员口译认知过程的不可行性。

认知操作的复杂性和精细性要求进行缜密的实验设计，稍有忽略就会失去实验价值。口译认知研究的前提是在区分了解不同认知机制的分类和作用的基础上，根据其相关特征及其特定的认知心理学手法及其试验目的来确定试验方法。口译认知研究只能通过测定译员非在线、单一认知机制的认知能力，通过相关分析或因素分析逐步析化出该认知机制的认知处理能力与整体认知处理任务的相关性。某项认知机制的测试可以通过不同复杂程度的认知任务之间的加减，来测定所需要的认知任务的实验参数。如，反应时研究中减法技术的应用，其原理就是安排两种大致相同的反应时作业，其中一种作业比另一种增加了一个认知要求，增加的信息加工所需的时间即为这两种作业的反应时之差。

口译认知研究的取向和定位（即研究维度）对于开展实证研究非常重要。根据不同的研究客体及其口译的交际特征，口译研究的设计方法可以区分为：基于口译交际过程的实验设计方法；基于话语的实验设计方法；基于译员的实验设计方法。研究维度决定研究变量的设计。实验设计要根据不同的实验目的来确定不同的方法。实验设计过程中，首先要考虑到因变量的选择。

从口译的交际过程来看，口译质量的决定因素主要涉及话语和译员两核心因素。在实验设计过程中，话语和译员本身可以作为实验的两个变量。话语可以根据描述性研究中的话语形式特征、主题特征、深层次表征特征等不同的参数划分为不同类别；译员可以根据译员的不同外语水平、翻译水平、主题知识等参数划分为不同的类别；关于译员的翻译效果的测定，可以结合其在线处理过程中自由度、策略处理的丰富程度、词汇丰富程度、句法灵活度等等，还有输出话语的表层特征和深层次语义表征及其听众和讲话人的评判等标准来综合衡量。在设计过程中，由于译员和输入话语是两个综合性较强的因素，还应该根据实验目的的需要重点突出译员或者话语的局部特征，同时尽可能地减少其他因素的影响，以使其结果尽可能直观反应实验变量与因变量之间的因果关系。可用比较的方法、方式以及交叉设计方法；通过多变量的分析，来分离出单变量与口译整体的关系；通过相关分析，来衡量两变量之间的关系程度；通过图表的形式来描述各个自变量与因变量之间的关系；图式分析比较，未尝不可，必要的时间计算是必不可少的。

由于译员和话语在试验过程中总是需要交叉设计的，而且是两个必备因素，因此，需要突出一因素中的某一局部特征，缩减另外一因素的其他特征。在控制某一因素时，变化另外一因素，充分利用交叉设计所渗透出来的实验信息，发掘数据信息。同一话语某一语言现象、句子的同步传译等因素需要精细控制。在某一段落话语中，嵌入某一特定研究对象，在完成后，进行局部截取，同时控制该句前后的特征语句，以统一或者缩减在此语段处理上的认知差异或其他因素。具体研究可以围绕如下几种方案展开：同一话语、同一组别译员、不同传译效果的研究；译员个体认知差异的研究；同一话语、不同因素组别的译员、不同传译效果的研究；同一话语、同一组别在不同话语处理上的区别研究等等。

从输入话语出发析化出来的主要实验变量包括话语浓度、话语语义难度、话语句法难度、话语词汇难度等。可通过固定组别对于不同话语浓度、语义难度、句法难度的口译效果的变化，来验证话语浓度、语义难度、句法、词汇难度等来验证这些不同因素在同声传译过程中的作用，通过交叉设计、认知心理学对认知机制的辅助设计方法来，多因素归因分析，综合研究在各个因素在口译过程中的重要性程度和排序。从此，可以推演出译员话语处理过程中对不同现象的处理规律。

话语信息的质化和量化是口译实证研究的重点和难点之一。其质化和量化过程，不仅涉及实验变量设计的科学性、实验结果的可靠性，还涉及口译理论的系统化。从句法出发、将研究单位局限于句子单位，以单句作为实验单位有一定的可取性，但一般都是简化的、经过实验设计的句子。迄今为止，命题的浓度计量可以允许我们将文本或语篇进行量化，基于命题也可以跨越语言障碍对双语语篇的语义进行对比。Setton（2002：21）建议借鉴文本理解领域的实验方法来进行语义研究。因此可以通过选择不同熟练程度的文本主题，通过前期问谈检测主题部分的不可知知识，提供给他们相同的、限定性的背景材料。研究可以集中在因变量上，此类因变量的选择可以通过构建文本的选择性特征来控制。或者更生态些，通过对于某些预计性困难直接对原话语语料进行打分来检测理论预测。最好是基于不同层级的心理表征来设计，这是认知操作的根本，也有利于各个层面的统一。

从译员出发析化出来的主要实验变量包括译员不同的认知机制和译员水平。注意单个因素内部的交叉相互作用以及对口译效果的影响；除了注重单个因素的作用外，还要注重因素内部的相互作用。首先，要区分开话语处理技巧与认知机制的区别。如可围绕口译过程中所表现出来的处理技巧上的认知差异。研究过程中，可以对比研究不同组别人员在执行相同认知任务的情况，如学生译员、职业译员在分类任务上的横向比较；也可以研究同一类型的认知个体在执行单个认知任务上的认知差异。

在口译的在线处理过程中，语言现象是多种多样的，译员的认知处理活动也是异常复杂的。不同的语言现象所激发的认知处理机制及其运作、协调方式也是不一样的。此时，怎样对口译技能进行量化分析就成为了另外一个关键问题。研究过程中可以根据各个认知机制（如工作记忆）的信息处理模式来确定设定其具体的研究方法，也可以设计从局部的某一片段、某一语言现象出发来量化译员在某一局部范围内表现出来的认知能力。

同声传译实证研究过程中需要注意不能对其进行简单的分解和步骤化处理。对口译的实证研究只能从口译语料出发，在遵循口译的线性处理特征的基础上，进行局部的矢量切分，在分析该矢量线段范围内的语言现象的基础上，研究该语言现象所激发的认知活动，并将之细化、模式化。再在有着组别差异的认知个体所表现出来的认知差异上来分析研究某一认知机制在进行某一处理活动表现出来的在线认知处理规律。

实证研究主要侧重局部的某一实验变量与整体口译效果之间的关系。因此，在实验结果的解释过程中，需要注意这些局部认知机制与口译整体之间的关系。因为，局部研究是为阐释整体研究服务的，只有将局部置于整体当中才能真正发挥局部研究的作用，而不至于断章取义、无的放矢。

第三节　认知心理学常用实验方法

本节探讨认知心理学常用实验方法的意图在于探究这些方法在口译认知研究和认知技能训练中应用的可能性。认知心理学常用的研究方式有有声思维、反应时记录法、实验法和计算机模拟法。鉴于口译任务的特殊性和在线特征，某些心理学使用的较为直观的实验方法，如眼动仪、心理生物学实验（如核磁共振、脑成像技术）、计算机模拟和人工智能等方法还很难用于研究译员的在线处理过程。但近几年来，学界有将眼动仪和脑成像技术应用于口译研究的趋势，尤其是在口笔译认知和口译员神经心理机制的研究。

一、有声思维法

有声思维法，又被称为口语记录分析法，被试大声地报告自己在进行某项操作时的想法来探讨内部认知过程的方法。被试以口头言语的形式对其头脑中的思维过程进行报告。思维活动无法直接感知，通过言语报告，就像把思维过程直接呈现。言语报告又可分为出声思考（think aloud）与事后报告（retrospective reports）两种形式。

有声思维可以应用于口译认知研究。该方法经常辅之以回顾报告、问答和调查问卷等手段，它可以间接揭示译员内在的认知过程、传译策略和思维活动，协助收集内省数据，在此基础上提出假设，验证先前假设（苗菊，2006）。此方法的局限性在于取得实验结果均是间接的，其可信度有限，对于口译认知训练没有直接的帮助。但可以帮助学生记录、反思自己的口译过程，提升口译练习的针对性和效率。

二、反应时记录法

反应时记录法一般要求被试接受一系列刺激并进行识记，之后报告自己记住的刺激项。反应时是指从刺激呈现到反应输出的时间，反应方式包括选择反应和简单反应，可以精确到毫秒或微秒，通常包括反应时相减、因素相加、开窗技术三种。与话语研究相关的认知处理任务包括字词命名、字词分类、图片命名和图片分类四种，通常借助识别、记忆和回忆三种任务形式来实现。

字词命名（word reading）对应的是词汇提取过程，实验中要求被试尽可能快的识别并朗读出呈现的字词。这一实验对应的认知过程是，字形信息激活读者心理词典中的结构表征，进而激活语音表征和（或）语义表征，语音表征启动发声。

字词分类（word categorizing）是词汇类别语义的提取过程，又称语义决定（陈永明、彭瑞祥，1985）。实验要求被试根据呈现的字词，确定字词表征的概念是否属于某一类别。这一实验对应的认知加工过程如下：被试首先需要通达词汇网络系统，进而激活语义网络系统，被试激活词所对应的概念结点后，沿着概念结点和上属概念结点之间的连线扩散，最终引起上属概念结点的激活。

图片命名（picture naming）实质上是言语产生的过程，包括激活概念、提取语义和句法、语音编码和发声三个阶段。命名图片时，说话者先提取图片的意义，然后选取恰当的词，再构建详细的语音计划，指挥发音器官执行发音程序，产生声音。图片命名能准确反映言语产生的过程，因而成为言语产生研究的经典范式。

图片分类（picture categorizing）本质上是语义决定的过程。实验中，被试需要根据呈现物体图片决定图片表征的事物是否属于某一类别，通常包括按键反应和口头反应两种不同的范式。图片分类只涉及概念网络系统的加工，图片表征的事物激活概念网络系统中表征事物的概念结点，进而激活上属概念结点。

反应时记录法研究经常用于知觉、记忆和语言等研究，心理学上通过对比上述任务的认知过程，探讨人脑的信息加工机制。在口译认知研究中，可以利用字词、图片命名及其分类任务测定译员的单语和双语词汇提取效率，将其作为衡量译员认知能力的测量维度之一，同时研究词汇处理效率与传译效果的关系。此外，也可以将这些词汇变化为口译过程中的术语、专有名词、关键词、数字等，查看译员在这些方面的认知处理效率与口译效果之间的关系；也可以将上述处理任务作为提升译员不同专业领域内术语、专有名词、关键词、数字认知处理能力的训练方式。

三、记忆广度测试

记忆是认知心理学研究的一个核心环节。记忆广度测试包括工作记忆广度测试和短期记忆广度测试。与话语记忆相关的常用研究手法包括回忆任务和识别任务两种，实验通常通过计算记忆的准确度、数量、时间等来衡量其优劣。

数字记忆广度（digital span）经常被看成是短期记忆能力衡量的指数，它的测定通常采用被试被动回忆能力（passive recall abilities）测量的方法。其在线处理能力的测量和回忆能力可以看成是工作记忆能力的测量手段（Daneman & Carpenter，1980）。测试通常是从 1~9 随机抽取数字、组成长短不同的数字系列，短暂呈现后要求被试立即进行正确复述，被试能立即正确再现的最长数字序列就是被试的数字记忆广度。此测试的内容和实施都容易标准化，难度也比较有规律，是最常用且简便易行的短时记忆测试方法。类似的测量方法还有词语记忆广度（verbal span）和最小数字广度任务测试。这几种方法可以进一步开发，并用作学生译员短期记忆和工作记忆的训练方法。

阅读广度测试（reading span）已成为测量言语工作记忆的标准方法。Daneman & Carpenter（1980）在自己的测试中，要求被试大声朗读序列长度不断增加的系列句子，然后在保证句子理解的前提下回忆每一句中的最后一个词，在这两种条件下所完成的最大句子数被看成是测得的工作记忆容量。（孔祥军，2006：13）此任务同时融合了处理信息和储存信息两种任务，不同于其他仅限于测量存储能力的测量手段，由此测得的工作记忆能力通常与语言理解和其他语言处理任务高度相关（Daneman & Merikle，1996）。在此基础之上，听力广度测试（listening span）衍生出来，被试要求在听和理解之后说出最后一个词。相关发现表明听力广度与阅读广度相类似。根据需要研究者可以分别测试二语阅读限阈和母语阅读限阈。相关研究表明，工作记忆能力与语言的熟练程度相互作用，对于语言相对不是很熟练的二语主体，母语的阅读限阈要高于二语的阅读限阈，但是对于二语熟练程度较高的使用者则没有此方面的差异（Service，Simola，Metsaenheimo & Maury，2002）。

四、正反向词语翻译

正反向词语翻译（forward and backward word translation）是 De Groot，Dannenburg & Van Hell（1994）研究双语人士词汇存储关系时使用的一种测量方法，旨在验证双语转换是以概念为媒介还是基于词汇间的等值联系。De Groot，Dannenburg & Van Hell（1994）研究发现，不同方向的词语在翻译过程中表现出一定的不对称性，反向翻译同时受到语义、熟悉程度、词源关系等因素的影响。Kroll & Stewart（1994）用于分类单词翻译所需的时间要比混合分类词汇占用时间长。结果显示，正向翻译（forward translation）是以概念为媒介展开的，而反向翻译可能是基于词与词之间的关系。后续研究还发现并证实了双语不对称的逐步发展过程。

正反向词语翻译可以应用于口译认知过程的研究和口译认知技能的训练。除一般的双语词汇提取外，还可以用于试探译员在处理术语、专有名词等不同专业程度的词汇和不同词性词汇上的差异，以此设计的认知技能训练可以提升译员双语词汇尤其是专业术语的提取效率。

五、语义启动效应

语义启动效应（semantic priming effect）又称概念启动，是以启动刺激的语义、概念、特征（如词义）为启动条件，使对目标刺激的反应得到促进的过程（宋娟、吕勇，2006）。语义启动任务一般有词汇判断任务（lexical decision task，LDT）、类别样例产生任务（category instance production task）、一般知识性问题测试任务（general knowledge questions test task）和概括词汇联系任务（generalized word associations task）。一般认为，语义启动可能包括两种机制：语义期待（即预期）和语义匹配的词汇后（post-lexical）过程。词汇后过程需要意识参与，将启动词与靶词进行语义匹配，做出判断（同上）。

跨语言语义启动（cross-language semantic priming）用于研究不同熟练程度的双语人士母语和外语（等值词汇）间存在的语义启动效应（Tzelgov & Eben-Ezra，1992）。研究结果表明，等值翻译启动效应（translation equivalents priming effect）受到词源（共享词形和意义）影响。对于非同源词汇，仅仅是意义共享，启动效应并不明显。Gollan，Forster & Frost（1997）对不同拼写系统下的语言做了研究，如希伯来语和英语。研究发现，当启动词汇是母语时，同源词汇表现出强化的翻译启动效应，非同源词（noncognates）也表现出明显的启动效应；当启动词汇是第二外语时，启动效应较弱且与上述两种类型的词汇测试结果均不相符。

语义启动效应尤其是跨语言启动效应可以应用于口译认知研究和技能训练。认知个体在语义启动上的速度差异可以作为译员话语信息处理效率的一个衡量标准，可以测定不同口译水平的译员所存在的认知差异；跨语言语义启动可以作为衡量译员二语关联水平和语言处理效率的一个参数。借助这两种技术展开的认知技能训练有助于提升译员的词汇提取效率和双语转换速度。

六、眼动实验

眼动实验记录被试的眼睛（眼球）活动，借此分析大脑思维过程，通常配合有声思维法一起进行。相对于笔译认知过程研究，现有眼动仪在口译认知过程研究中的直接应用有限，主要原因是口译实践过程与眼睛的关联度不是特别紧密。相关研究只能围绕口译员进行视译等上、下游与眼睛相关的活动展开，其研究结果对口译认知过程的揭示有限。

七、心理生物学实验

主要包括 ERP（事件相关电位，event-related potentials）技术和 efMRI（事件相关功能磁共振成像，event-related functional magnetic resonance imaging）技术。前者包括各种成像技术，如 X 光片、核磁共振成像技术；后者包括各种脑活动过程的测量技术，如脑电图、脑血流图等。

随着心理生物学实验技术的提高，脑电设备的灵活性越来越高，对环境的适应性越来越强，使同传或交传译员在执行任务过程中进行检测研究成为可能，相关研究成果会填补国内外的空白。

八、计算机模拟和人工智能

计算机模拟法是把一定的认知操作编译成计算机程序，模拟人的思维过程。人工智能方法则是让计算机执行一些智能化认知行为。这两种方法以口译认知研究的模式化为前提，只有在完成建模后才能进行模拟和智能操作。

第四节　口译认知技能训练：理念、架构与方法

认知技能的训练可以集中在认知机制的训练和认知处理过程的训练两个层面，训练过程中需要结合口译语言处理任务的特殊性设计与之相吻合的训练方法。

具体来讲，口译认知技能训练可以围绕双语词汇训练、注意力训练、短期记忆和工作记忆训练、长期记忆训练、表征构建、决策能力训练、推理能力训练、问题解决能力训练、元认知监控/策略调配训练、知识构建十个层面展开。接下来，我们逐项说明，训练架构和对应训练方法参看图 4-2 和图 4-3。

一、双语词汇训练

双语词汇训练旨在提升双语词汇在长期记忆中的检索、激活效率以及在工作记忆中的调动、使用效率，扩大译员不同专业领域的双语词汇量、改进其双语词汇语义表征的关联模式，优化不同主题领域的双语词典结构和优化程度，提升双语的语义关联程度，提升双语词汇与二语表征的关联密切程度和自动化程度。

在口译训练过程中，词汇层面的训练主要体现为针对术语和关键词的相应训练。口译是依托不同的领域来展开，要求译员具备不同领域的专业术语。每个术语对应一个概念，知识是一个概念系统的集合。术语的理解

过程就是概念的激活过程。口译理解过程中需要加强关键词提取效率的训练。关键词提取的目的在于剔除冗余的无效信息，在理解的基础上，保留关键信息，让关键词成为全部信息的锚点。关键词的提取是个理解、选择的过程，要求学生在理解的基础之上来选择合适的词汇。基于关键词的相关联的概念激活和表征构建也很关键。词是理解过程中的刺激符号，但不是理解和传译的基本单位。译员需要依托词汇构建不同层级的表征。

上述练习可以以术语和关键词为依托，借助认知心理学常用的字词和图片命名、字词和图片分类、正反向词语翻译以及跨语言语义启动效应来展开。

二、注意力训练

口译练习过程中，需要训练的注意力机制包括：筛选注意力、集中注意力和共享注意力。筛选注意力和集中注意力是相对的两个概念，可以一起训练；集中注意力需要单独训练。筛选注意力主要涉及关键词的甄别、挑选和非关键信息的过滤。集中注意力主要涉及话语整体逻辑的提取和信息架构的建立。共享注意力主要涉及交替传译中的记笔记和源语听辨的环节以及同声传译同步听、说的环节。

筛选注意力和集中注意力可以通过注意力转换（concentration shift）的训练来实现。训练方式是设计有一定逻辑关联的词汇辅之以具有真、假值的命题，如 "black、night、coal、black coal、nightmare、*white collar*、black pencil、red fox、*blue moon*、great day、sunny day、green tree" 等，要求学生一般听 5~7 个逻辑连贯的词或命题，跟着老师的节奏重复这些词，并通过书写、手势等方式指出不符合逻辑的词汇。通过注意力的集中、分散、再集中、再分散的方式达到锻炼集中注意力和筛选注意力的目的。研究表明，经过这样的训练，学生译员集中注意力的时间可以由 10 分钟拓展到 15~20 分钟，吻合同传的工作节奏。

共享注意力可以借助并行展开的两个任务来展开，比如听辨理解过程中加入干扰信息或有逻辑关联的干扰信息，让学生译员练习终止后，分别输出两个信息。

三、短期记忆和工作记忆训练

工作记忆对口译活动尤其重要，存储、调用、执行是工作记忆的基本认知操作形式。工作记忆是一个短期记忆机制，短期记忆是用于存储的一种认知机制。前者能够同时存储和处理信息，这两种操作会争夺工作记忆有限的认知能力；后者与长期记忆的存储直接相关。短期记忆和工作记忆的区分反映了相互分割但却高度相关的两种不同的认知结构，这些结构与高层次的认知处理能力相关。同传和交传过程中大多数时间需要同时处理两个并行任务，而且要求工作任务具有执行和控制功能。

口译训练过程中，可以借助数字记忆广度训练（包括最小数字广度训练）以及词语记忆广度训练来提升学生译员的短期记忆能力，借助阅读广度训练（包括母语阅读广度训练和二语阅读广度训练）以及听力广度训练（亦含母语和二语）来提升学生译员的工作记忆能力。具体操作方法参照第四章第三节阐述的方法进行。

四、长期记忆训练

长期记忆包括周期性记忆和语义性记忆，长期记忆的使用是个检索、提取、激活和存储的过程，与理解过程相对应，涵盖概念激活、表征构建和影像激活等基本形式。

学生译员长期记忆的训练可围绕概念的检索、提取、激活和表征构建来展开。口译过程中，关键词和专业术语对应特定的概念，构成口译过程中的信息提取点，表征构建过程对应信息结构的提取，这两者都是在长期记忆内激活、保持的，尤其是交替传译。语言信息与认知补充、百科知识的整合、连贯信息的存储、形象记忆的激活与条块梳理等都是在长期记忆中进行的。

长期记忆中周期性记忆的训练可以借助形象记忆（动态和静态）、图像记忆、声觉记忆（感官）和视觉记忆的训练来实现，语义性记忆可以借助数字归纳记忆、关键词记忆、预测检验、比较记忆、回忆记忆和路线记忆等（邓轶、刘莹、陈菁，2016）训练来实现。

五、表征构建

表征构建可以围绕逻辑命题构建（包括抽象和具体两种）、微观表征构建（包括事件、动作、状态等局部心理表征的构建）和宏观表征的构建。实践证明，命题表征和微观表征的构建可以保证口译认知处理过程的灵活性，这些具有单位属性的表征方便意义的拆分、重组。宏观表征构建的意义在于洞悉单位表征之间的组织和逻辑关系，如时间、顺序、因果、对比、空间、分类和对比等，便于意义的延展和完整信息的传达。

命题表征的构建训练可以与注意力、工作记忆等其他认知机制的训练相结合，比如针对本节第二小部分注意力转换的训练就可以把命题表征训练融合进去，同时可以把普通词汇替换为领域相关的关键词、术语或命题。微观表征的训练可以与记忆训练紧密结合起来，借助不同表征类型的语篇来展开，比如记叙、论述和说明类语篇等。宏观表征的构建可以以不同的关联类型和语篇类型为依据依次展开，比如以时间关系、因果关系、空间关系等不同形式组织起来的语篇。

六、决策能力训练

口译过程是个决策过程。理解阶段是个解码的过程，这一过程中意义的顿悟、意群的切分、逻辑判断等都需要译员进行决策；表达阶段是个编码的过程，这一过程中词汇的选择、传译单位的控制、传译策略的选择也都以决策为前提。

口译训练过程中，可以设计不同复杂程度、以不同逻辑关系组织在一起的意群设计不同的理解和表达训练，辅之以反思式学习，培养学生的决策能力和技巧。

七、推理能力训练

推理是译员的基本认知活动之一。话语的理解和表达过程都涉及推理，话语活动的推理过程大多数都高度自动化，只有在某些方面的问题突显时，才会显现出来。推理一般包括基于词汇、句法等语言成分的推理（bottom-up）和基于背景知识和百科知识的推理（top-down）。其中，句法层面的推理为逻辑推理，基于特殊词序、强调、节奏、语音、语调、对比和非语言信息的语用推理属于"top-down"的一种推理。推理的目的是建立局部和整体连贯。

口译员的翻译过程是个高度自动化的过程。由于译员的双语能力高度发展、口译交际时间受限，双语传译过程中，译员的推理遵循简约的原则，多数情况下只能展开相对有限的推理，如语用信息的整合只能筛选有助于理解的关键语用信息整合。推理能力训练可以通过突显不同语篇中需要处理的推理元素来实现。

八、问题解决能力训练

口译实战过程中，经常遇到大大小小的问题，通常可以分为认知层面和外部环境两种不同类型。认知层面，译员经常出现背景知识缺乏、个别术语未准备到位、不能完全理解等问题，外部环境主要涉及讲话人语速过快、专业性太强、语音重、设备噪声大、通信质量不好等问题。

针对这些问题，译员需要不同的问题解决能力。译员认知层面的问题可以通过使用不同的策略来调整，外部环境问题可以通过团队合作、与讲话人、技术人员在可能的情况下及时沟通等来解决。

九、元认知监控 / 策略调配训练

译员对口译认知处理过程中的监控称之为元认知监控。这一监控伴随整个口译过程，从词汇激活、认知补充的调动到话语传输的结束。译员认知资源的调配和策略的使用都是通过此过程来实现的。

交替传译中的元认知监控主要体现为记笔记过程中的信息的筛选、逻辑关系的理顺、信息架构的梳理、开始传译等各个层面；同声传译元认知监控体现为 EVS 的调控、听说之间的均衡、话语输出速度的调整、预测、简化、概括等策略。传译策略是口译成功的关键因素。迄今为止，学界仍未结合具体语料对不同语对间的传译策略进行系统研究。

同传译员传译的基本单位是语篇或话语层面的"意义单位"。理解单位和传译单位是译员语言处理过程中的两个基本操作。理解单位要求译员结合讲话人所使用的词语、句法结构、所激活的认知补充等对短句进行预测、补充，对长句进行切分等；传译单位要求译员不间歇地判断是否可以传译、怎样传译、怎样不影响听辨、怎样保证表达的连贯、怎样达到理想的传译效果等。这些操作的实现都想要译者通过元认知监控来实现。

元认知监控的训练可以围绕上述不同的认知处理策略设计相对应的语篇加上译员的反思式学习来训练。

十、知识构建

译前准备和译后梳理是个知识学习、知识构建的过程。良好的译前准备和有计划的知识积累不仅可以提升翻译效果还可以允许译员逐步在自己擅长的翻译领域有所积淀、提升这一领域的专家技能。学生译员可以根据自己在某一专业领域内所缺少的知识和知识架构来确定译前准备的方式，提高译前准备的针对性和译前准备效率。译前准备可以以语义网络模型为架构标准，建立关键词和专业技术术语在内的表征模式图。知识构建可以依托某一领域术语所对应的概念表征系统的构建以及主题知识、背景知识相关的思维导图的构建来实现。

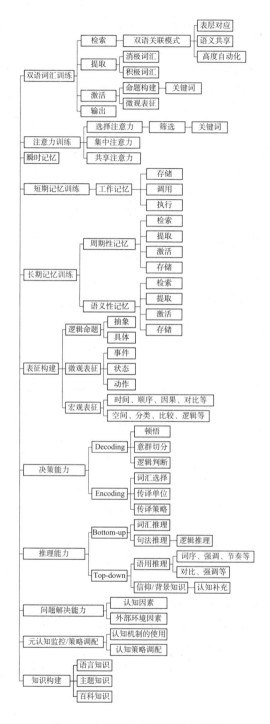

图 4-2　口译认知技能训练架构图

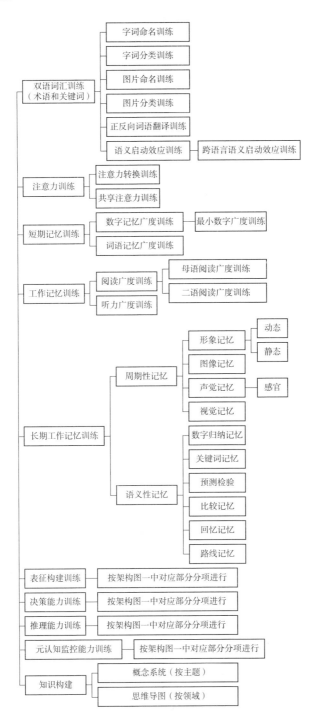

图 4-3 口译认知技能训练方法架构图

第五章

机器翻译译文质量评估研究

本章研究的意图在于评测现有机器翻译汉英翻译的译文质量,探讨机器翻译和 AI 同传在 CAIT 系统设计过程中应用的可能性和可靠性。本章调研了机器翻译在外语专业学生中的应用现状,提出了机器翻译人工评估的参数设计和测评标准,还借助人工测评完成了机器翻译在术语翻译、学术语篇翻译、语音识别等方面的评测,对评测结果进行了质化分析。最后,本章还研究了机器翻译的应用情景和人机交互界面。

20 世纪 50 年代,美国科学家开始研究以语言规则和双语词典为基础的基于规则的机器翻译(rule-based MT)。20 世纪 80 年代前期,日本科学家模仿人类译员的翻译过程,将机器翻译推进到基于例子的机器翻译时代(example-based MT)。20 世纪 80 年代中后期,IBM 又将机器翻译推向了基于统计的机器翻译新阶段。尽管如此,机器翻译的译文质量水平仍然有限。直至 21 世纪初,Nal & Phil(2013)提出了基于深度学习的端到端神经机器翻译(end-to-end neural machine translation),这一翻译模型将计算机科学、心理语言学和认知科学等学科的最新研究成果融为一体,吸纳了包括联结主义、语义网、概念图示、词类的本质属性、知识表示等诸多知识元素。随着语料训练规模的大幅度提升以及垂直领域训练针对性的提高,机器翻译译文质量有了质的飞跃。在此基础上,将语音识别与机器翻译结合到一起的 AI 同传也应运而生,但现有的语音识别水平大大限制了 AI 同传的翻译水平,AI 同传在机器翻译译文质量的基础上附加上语音识别的不准确性,使翻译质量进一步大打折扣。

尽管机器翻译、AI 同传等还存在这样那样的问题,但随着人工智能的普及,机器翻译利用其自身在语音识别、翻译速度上的优势必然会一定程度上给人们的生活和学习带来便利。为了更好地将机器翻译应用于计算机辅助口译学习,需要全方位地了解机器翻译现有的翻译水平。

本章所枚举的机器翻译译文实例均源于国内外四大主流引擎的实测数据，AI 同传相关数据源于某一 AI 同传引擎的实测数据。测试时间集中在 2019 年初，不同引擎采用统一时间点来测试，以方便对比分析。论著撰写过程中，根据章节编排的需要对实例进行了分类编排和调整。另须特别强调，本论著所选例证集中在错误分析上，故优质译文未做展现。

第一节　机器翻译使用现状调研

神经网络模型大大提升了机器翻译的译文质量，但是机器翻译还存在语法、句法、连贯性等方面的问题。外语专业学生群体尤其是翻译专业学生机器翻译使用的现状怎样？对机器翻译的接受度和预期怎样？基于此，本节做了一个面向外语专业学生的调研，以期掌握学生对机器翻译的使用和认识现状。

一、国内外研究现状

语言服务领域对机器翻译的研究集中在机器翻译的应用前景、译前和译后编辑、译文质量测评、译者身份和主体性、错误类型分析、应用领域等层面。

关于机器翻译对语言服务的影响，研究指出，以神经网络机器翻译和语音识别为代表的新技术将逐步深入地影响并改变传统的语言服务模式（罗华珍，潘正芹，易永忠，2017），传统翻译受到机器翻译的挑战面临变革（王婉琦，2018）。

部分译者关注机器翻译视角下译者的身份和主体性问题。研究指出，由于机器翻译的译文质量与职业译者差距大、适用性和可读性较低，必然需要人工干预，凸显了译者主体性，但需要对译者身份进行再认识（吴建清，2018；陈津，2018）。但就"机器翻译是否要取代人"这一问题，祝朝伟（2018）认为是个"伪命题"。

少数学者关注机器翻译译文质量问题。王晶杰（2017）通过机器翻译评测标准与译后编辑译文研究谷歌翻译的中英翻译质量。

近几年来，语言和翻译领域的国内学者对机器翻译译后编辑的应用研究相对比较多，论证译后编辑的必要性和方式、方法。魏长宏、张春柏（2007）认为，译后编辑是机器翻译系统的有机组成部分，他们从概念、必要性、要修正的错误、实现手段和实施者进行了较为翔实的解释。李梅、朱锡明（2013）探索了中英译后编辑自动化的问题。崔启亮（2014）探讨了译后编辑的概念及其应用和研究现状，提出了提高译后编辑质量和效率的实践准则。冯全功、崔启亮（2016）撰文分析了译后编辑的焦点与发展趋势，指出译后编辑已发展成为全球语言服务行业的新兴职业。冯全功、高琳（2017）撰文分析了译前编辑对机器翻译的影响。

机器翻译的错误类型和译后编辑策略也是学者研究的核心问题之一。李梅、朱锡明（2013）分析了英汉机器翻译的错误类型；崔启亮、李闻（2015）研究了译后编辑的错误类型。

学者还深入研究了译前或译后编辑在不同文本类型翻译过程中的应用，如科技文本（崔启亮、李闻，2015；郭高攀、王宗英，2017）、非技术文本（徐彬、郭红梅，2015）、时政类文本（许迪，2016）、文史类翻译（王萍，2016）、新闻编译（冯全功、李嘉伟，2016）、画作简介（冯全功、李嘉伟，2016）等。

在人机交互大背景下译后编辑素养的构成与培养（冯全功、张慧玉，2015）包括机器翻译原理在内的翻译技术能力的培养（崔艳秋，2017）、MTI 人才培养译后编辑课程的设置以及译后编辑素养的培养（肖史洁、周文革，2018）。王湘玲、贾艳芳（2018）基于"翻译研究文献目录"和"机器翻译档案馆"两大数据库，全面剖析译后编辑过程及产品评估、译后编辑效率影响因素、译后编辑工具与译后编辑者及人才培养问题。

在机器翻译的应用研究层面，学者探讨机器翻译在汽车技术翻译（李梅、朱锡明，2013）、档案学术文献翻译（范冠艳，2018）、大学英语精读课堂教学（高海波，2018）、法律翻译（庄培妮，2018）、电信客服（黄河燕，2018）、对外文化传播（罗慧芳、任才淇，2018）等领域的应用。

上述研究发现，机器翻译的相关研究还局限在学者的研究层面。随着机器翻译译文质量的快速提升，学生群体对机器翻译的认识和使用现状并无相关研究。

二、研究方法

1. 调研目标

此研究的研究目的在于了解外语专业学生对机器翻译的整体使用和认识状况；外语专业学生对机器翻译的信赖度和依赖度；外语专业学生对机器翻译的期待；外语专业学生机器翻译使用情况；机器翻译引擎的使用排序；院校类型对使用频率的影响；学习层次对机器翻译使用的影响；学生群体对机器翻译的改进建议。

2.调研对象

参加此次调研的对象是外语专业尤其是翻译专业学生。

3.问卷设计

问卷采用单选和多选的形式，通过网上调研来完成。考虑到调研对象的不同学习背景，资格证书的问卷设计将2016年停止考试的全国外语翻译证书也纳入调研范畴。

4.数据统计

数据统计中分人数统计与人次统计两种，人数统计针对单选问题，人次统计针对多选问题。两种统计分别取各自所占总人数或总人次的百分比。

三、调研结果

此次调研于2018年11月19日启动，12月19日结束。调研对象通过在线填写麦克表单的形式来完成调研。调研共收到196人次有效反馈。其中，男生37人，女生159人，语种涵盖英（73%）、法（19%）、阿（2.6%）、日（1.5%）及其他（3%）。

1.调研对象的群体分布

参加此次调研的学生，49人（25%）来自专门的翻译学院，69人（35%）来自语言类院校（不含高翻），61人（31%）来自综合性大学的外语学院，另有17人（9%）来自其他类高校。被调研的学生中，研究生达到105人（54%），本科生达91人（46%），其中本科一、二年级学生38人（19%），三、四年级达53人（27%）。学生的专业分布为：翻译专业硕士62人（32%）、翻译本科59人（30%）、外语相关专业37人（19%）、翻译学19人（10%）、本科翻译相关专业15人（8%）和其他领域4人（2%）。从职业资格来看，调研群体中获得CATTI二、三级证书和全国外语翻译证书的总计54人次，占总人次的28%。

学生的实践领域按照重要性排序，依次为文学、商业、科学、技术、金融、其他和法律。从学生每周的翻译实践量来看，每周在千字以下有89人（45%），1000~3000字之间的有84人（43%），3000~6000字之间的19人（10%），超过6000的仅有4人（2%）。

2.外语专业学生对机器翻译的信赖度和依赖度

从对机器翻译的依赖度和接受度来看，72.9%的学生对机器翻译有较高或相当程度的依赖性。这一群体的学生认为，机器翻译的译文质量非常值得信赖（约 3%）或一般（约 70%），译者会结合自己的需要进行调整。这一调研结果表明，基于机器翻译的译后编辑会有一定的受众基础。调研对象中，26% 的学生表示对机器翻译不太满意，只会参考译文中的少量信息；仅有 1% 的学生表示十分不满意，完全不想看。

针对不同院校的进一步分析得知，高级翻译学院学生认为译文质量一般或值得信赖的占比达 63%；语言类院校占比达 65%；综合性大学外语学院学生占比达 87%。这一结果表明，翻译和语言类院校学生对机器翻译译文质量的期待值更高，满意度较低；而综合大学外语院校学生则期待值稍低，满意度相对较高。这一结果吻合实际情况。

从学生群体求助机器翻译的应用领域来看，76 人次（占总人次的20%，总计 363 人次）表示无论做任何领域的翻译都会借助机器翻译，4 人次（1%）表示绝对不会使用机器翻译。从学生群体在翻译不同领域文本时对机器翻译的需求度来看，各领域的排序为：技术、科学、法律、金融、商业、文学。其中，文学领域求助机器翻译的仅有 6 人次（约 2%），其他四个领域在 38~62 人次（10%~20% 之间）。

3. 外语专业学生对机器翻译的期待

调研结果显示，学生群体在使用机器翻译时，期待在术语与专有名词（129 人次，占总人次的 44%，总计 291 人次）、句式层面（91 人次，31%）和词汇层面（69 人次，24%）获得帮助。期待在其他层面获得帮助的仅有 2人次（0.7%）。

从机器翻译的使用动机来看，学生群体以提高翻译效率为主要目的（127 人次，约占 41%，总计 308 人次）；其次是在翻译任务急、时间紧的情况下使用（82 人次，约 27%）；之后是翻译某种特殊主题的文本时（53 人次，约 17%）；最后是出于对机器翻译的好奇（39 人次，约 13%）。出于其他目的的占比仅为 2%，比如查找术语、不确定如何翻译、不记得相应的英语词汇和表达时。

深入研究发现，相对于综合性大学和其他院校的学生，高级翻译学院和语言类院校学生对机器翻译在提高翻译效率上的依赖度较低（36%vs. 50%），但在翻译某种类型文本时求助机器翻译的概率要略高（22% vs.13%），他们对机器翻译结果的好奇度较高（17% vs. 6%）。两大群体都会在任务急、时间紧的情况下求助机器翻译，综合性和其他大学学生略微高于语言和翻译院校学生（30% vs. 26%）。

4.外语专业学生机器翻译使用情况

从周翻译量与机器翻译的使用频率来看，在周翻译量为 1000 字以下的学生译者中，每次翻译都会用机器翻译和频繁使用机器翻译的人约占其总数 49%；在周翻译量为 1000~3000 字的测试者中，占比为 56%；在周翻译量为 3000~6000 字的测试者中，占比为 63%。因为，周翻译量为 6000~10000 字的只有 4 人，样本数量少，结果代表性不大。整体观察可以发现，随着周翻译量的增大，学生译者使用机器翻译频率也在不断增加。

调研结果显示，学生群体认为机器翻译在术语和专有名词方面提供的帮助最大（102 人次，占比 52%，总计 196 人次），字词（20%）、句段（19%）、短语（8%）等层面也有帮助。从学生群体对机器译文的采纳上来看，术语和专有名词层面采用最多（52%），句段（19%）和字词（21%）层面略采纳率较低。各院校分布无显著的差异。

从译后编辑的角度来看，学生群体认为机器翻译译文在文本连贯层面遇到的问题最大（145 人，占比约 74%，总计 190 人次），需要投入更大的精力；其次是语法层面（31 人次，约 16%）；最后是词汇层面（13 人次，约 7%）。

5.机器翻译引擎的使用排序

从机器翻译引擎的使用情况来看，各大引擎的热度排序如下：谷歌（35%）、有道（27%）、百度（18%）、必应（9%）、翻译君（5%）、其他（4.5%）、360（1%）（占总人次）。学生群体使用的其它翻译工作还包括法语助手、德语助手、欧陆词典、金山词霸、搜狗、牛津词典等。

从学生专业与机器翻译引擎选择的关系层面来看，基本上各个专业学生使用频率前三的机器翻译引擎排序为 Google 翻译、有道翻译、百度翻译。然而，本科专业翻译学生除外，该专业学生使用情况为：有道翻译、百度翻译、Google 翻译。另外还能发现，本科翻译专业学生与本科翻译（本地化）专业学生使用必应翻译引擎频率要高于其他专业，而 MTI 专业学生使用翻译君这一机器翻译引擎的频率则要高于其他专业对其使用情况，而各专业使用 360 这一翻译引擎的少之又少。

6.院校类型对使用频率的影响

从院校类型来看机器翻译的使用频率，高级翻译学院和语言类学校学生频繁使用和每次都会使用机器翻译的人数占该类学校调查总人数的 48%，偶尔使用的占比 47%，从来不使用的占比 4%；综合性大学外语学院的学生频繁使用和每次都会使用机器翻译的人数占该类学校调查总人数的67%，偶尔使用的为34%，从来不用的占比为0。由此可知，在本次所有接受调研的学生中，综合性大学外语学院学生更倾向于频繁使用其至在每次翻译时都使用机器翻译，且他们往往都会使用机器翻译来辅助自己翻译。而来自高级翻译学院和语言类大学的调查对象中，分别由8%和1%的学生表示从来都不使用机器翻译。（详见表5–1）

表5–1　不同类型院校机器翻译的使用频率

学校种类	使用频率			
	从来不用	偶尔使用	频繁使用	每次都用
高级翻译学院	8%	41%	41%	10%
语言类学校	1%	52%	39%	7%
综合性大学的外语学院	0%	34%	44%	21%
其他院校	6%	47%	29%	18%

7.学习层次对机器翻译使用的影响

从学生学习层次对机器翻译使用情况来看，从来不用机器翻译的学生中，研究生占总人数（196人）的1%；本科生占比2.5%；其中本科一、二年级学生占比2%；本科三、四年级学生占比0.5%。在偶尔使用这一项中，研究生占比22%，本科生占比21%；本科一、二年级占比8%；本科三、四年级占比13%。而在频繁使用和每次都用这两项中，研究生占比30%，本科生占比24%，本科一、二年级占比10%；本科三、四年级占比14%。综合来看，可以发现，本科一、二年级从不使用机器翻译比例相对较高，随着学习层次的增长，三个群体每次都用、频繁使用和偶尔使用的比率都一致呈现上升趋势（详见表5–2）。这表明，学生学习层次越高，机器翻译使用越频繁。

表5–2　学习层次对机器翻译使用频率的影响（人数／总人数）

使用频率／学习层次	本科一、二年级	本科三、四年级	研究生
从来不用	2%	0.5%	1%
偶尔使用	8%	13%	22%
频繁使用	9%	11%	21%
每次都用	1%	3%	9%

从专业资格证对机器翻译使用情况的影响来看，获得各项专业资格证明的学生中皆为选择偶尔使用人数最多，频繁使用次之，每次都会用再次之，最后为从来不用。其中，以二级、三级翻译资格证书这一专业资质证明为例，共有 47 名学生获得该证书，其中有 24 人每次或频繁使用，22 人偶尔使用，1 人从不使用（详见表 5-3），获得其他类证书的学生较少，但使用趋势相同。

表 5-3　专业资格证对机器翻译使用频率的影响

使用频率 / 资格证书	CATTI 二、三级证书	全国外语翻译证书	中级口译
从来不用	1	0	0
偶尔使用	22	6	1
频繁使用	18	2	0
每次都用	6	0	0
总计	47	8	1

8. 学生群体对机器翻译的改进建议

在所有调研中，约 15% 的调研对象表示没有改进建议，约 3% 表示机器翻译会影响翻译行业、翻译行业堪忧甚至让人产生危机感。通过调研结果聚类分析发现，外语专业学生认为，机器翻译的主要问题还是集中在准确度、连贯度、词汇使用不准确、句法、语法不准确、术语翻译不准确、不吻合译出语表达习惯、译文质量有待进一步提升等层面；稍次之的问题集中在输出方式不灵活、上下文语境不匹配、非通用语种翻译质量差、文学文化领域翻译质量差、断句错误、语料不充实、过于直译、俗语习惯用语翻译质量差、输入输出形式比较单一等方面；在辅助方式、便捷性、百科知识、例句等方面有待改进。

本节研究发现，机器翻译质量的大幅度提升可以在不同层面和一定程度上减轻译者的工作压力和工作强度。现阶段外语专业学习者已经广泛关注机器翻译并在学习和实践中较为广泛使用，但是机器翻译提供的译文翻译质量还存在诸多方面的缺陷，这些缺陷需要借助译前、译后编辑等人机交互来完善，以达到交流沟通目的。

第二节　机器翻译译文质量评估：参数设计与量化标准

机器翻译译文质量评估分为机器自动测评和人工测评两类。其中，业内关注较多的是前者，较成熟的评测方法有基于 BLEU 值和基于 METEOR 两种，后者的研究相对较少。

2012 年，中科院计划自 2013 年起在全国机器翻译研讨会的机器翻译测评中引入人工测评，参评单位参与进行人工评价（吕雅娟，2012）。人工评价方法主要从流利度（和忠实度）、可接受度、基于排序的方法对译文展开测评。其中，忠实度主要对意义进行评判，流利度主要评测语言的连贯及其与英语母语表达习惯的契合度，可接受度从信息保持、可理解度、合语法程度、流利度等方面，排序是指对若干个机器翻译译文进行优劣排序。上述各个评测环节均采用 5 分制。

现有人工测评方法在评测标准选择、标准界定、标准界限划分、标准层次设计等方面存在诸多不足。而且随着算法的改进不断更新，机器翻译译文质量也有了显著提升，译文质量评估标准需要适应机器翻译发展的现状。此研究将重新梳理翻译理论层面译文质量评估的现有标准，并进而结合机器翻译的实际，探究并提出神经机器翻译译文质量人工测评的评测维度和量化方法。

一、理论基础

对于笔译而言，译文质量评估需要注意四个大前提。其一，翻译是一个交际过程、一种特殊的话语交际行为。根据释意理论，翻译的目的在于"在理解的基础之上使人理解"，这个交际过程由话语发出者、信息、传播媒介、话语接收者等几个主要交际要素构成，交际是否成功的关键在于话语交际双语能否借助信息传递传达交际意图、实现交际目的。其二，翻译活动传递的是信息而不是词语，信息不是 n 个词所对应的概念的集合，而是一个有机联系的整体；笔译翻译的是一篇文本，不是单独的一个词、一个词组和一句话；口译翻译的是一段话语，而不是独立的某一个词、短语或一句话。其三，词是概念的载体，信息的基本单位是概念，一个意义单位或一个信息单元是为了阐明一个概念的发展变化过程或表明若干概念之间的联系。其四，话语理解的本质是建立局部语篇连贯和整体语篇连贯，语言表达过程中所使用的语言不连贯或者理解过程中不能建立起连贯的表征就不能让人理解、不能达到好的话语交际效果。

结合翻译学的主要翻译理论，可以提炼出如下几条译文质量评估的标准。一是准确度，即译文在词汇的使用、句法的规范与组合、意义表达层面的准确性；二是契合度（Nida，1964），即源语与译语间信息的吻合度；三是透明度，对应跨文化交际中的异化；四是可读性或清晰度（Delisle，1993），意即通过连贯与衔接来保障信息的内在逻辑和信息的灵活多样性；五是可接受度（Toury，1995），关键看译文是否吻合译入语文化和表达习惯；六是流畅度，主要看译入语的连贯和地道程度；七是译语的交际功能或者说交际效率，主要是看译文能否达到交际目的。

机器翻译译文评估需要同时关注意义的传递、语篇的整体性以及每个意义单位的完整性。优质的译文应该是一个有机连贯的整体，能完成信息传递的功能、达到交际的目的，同时兼顾文本内部的互文性、文本的功能性（functionality），并尽可能保留原文的形式与风格（许明，2011）。

二、研究方法

1. 研究材料

语料均是在语篇测试的前提下展开，测试材料为学术类语篇，语篇来自航空、生物、计算机、法律、心理学、政治经济学六个领域，六个领域的语篇均为 ISSCI 来源期刊，写作质量较高。

2. 研究步骤

为保证文本的连贯性，在进行机器翻译前，剔除掉了文章的标题、文内注释、加注等内容，然后将文本整体输入翻译引擎。之后，筛选翻译错误，分别对不同主题的译文进行人工错误分类。综合六大学术语篇的所有错误，进行聚类分析，按照出现的频率和重要性确定判定标准。

3. 评测步骤

测评由翻译学方向的在读研究生人工完成。测评过程中，学生首先对句子按照可理解度进行可理解与不可理解的人工测评。之后，学生从错译、漏译、增译三个角度对译文进行评判，并对句子的错误类型进行归类，不可理解的句子主要看是否存在严重漏译、增译、术语、关键词翻译错误、是否存在逻辑、句序错误（如断句不准确、成分残缺）等。而后，学生以能否达到交际目的为最终标准，对译文从句法（逻辑）、忠实度（信息传递）、词法（精确度）三个层面进行进一步评判。

三、研究结果

（一）机器翻译译文质量评估的前提和路径

考虑到语篇作为语言单位的特殊性及其对机器翻译译文的影响，机器翻译译文质量评测以语篇为单位来展开，在语篇的基础上完成机器翻译，之后对语篇进行单句切分，将能传达一个完整意义单位的句子认定为评测单位。

（二）评估指标聚类分析

在人工测评和错误量化的基础上，机器翻译译文质量评估指标的聚类分析结果如下。

表 5-4　机器翻译译文质量评估明细指标

一级指标	二级指标	三级指标（按照重要性排序）
错译	句法	1. 句序、逻辑；2. 断句；3. 句子成分残缺或错乱颠倒；4. 原文、译文的忠实度；5. 句子衔接；6. 时态、语态、语气；7. 主谓不搭配；缺少、重复谓语；8. 缺少主语；9. 成语、谚语翻译不准确；10. 其他特殊现象。
	词法	1. 术语、缩略语；2. 关键词、核心词；3. 选词；4. 词序；5. 名词限定结构；6. 动词搭配；7. 数字；8. 关联词；9. 转折词；10. 标点符号；11. 单复数；12. 介词、代词、副词、量词、范畴词等；13. 限定成分；14. 特殊格式。
漏译		1. 漏译句子；2. 漏译术语；3. 漏译核心词；4. 漏译主要内容；5. 漏译部分信息；6. 漏译部分次要信息；7. 漏译主语；8. 漏译修饰语；9. 漏译名词、形容词等。
增译		1. 加词；2. 增加多余成分；3. 重复翻译。

其中，三级指标按照对句子理解的影响程度依次排序。

（三）机器测评量化标准与层级划分

根据机器翻译现有的质量和适用领域等特点，我们认为，机器翻译译文质量评估从可理解度（understandability）、准确度（accuracy）和贴切度（appropriateness）三个维度来衡量。依据上述三个维度，我们将机器翻译译文质量切分为如下五个层级：精确、准确、可理解、部分可理解和不可理解。其中，译文是否精确主要看译文的贴切度，是否准确可以从译文的准确度来衡量，译文的可理解度可划分为不可理解、可理解、部分可理解三个层面。

图 5-1　机器翻译译文质量评估标准与层级划分

　　三个衡量维度中的可理解度的具体衡量标准为：能完整传达信息、表意功能明确、能基本达到交际目的，忽略部分语法、词法、搭配等错误。这一层面的关键判别点包括逻辑（关键衔接与连贯）、术语、忠实度等。准确度的衡量标准是不存在错译、漏译、增译等现象，能忠实、完整地传递译文信息；不存在句序逻辑问题，术语、关键词翻译准确，句式有适当变化（不影响与原语的忠实度），不存在单复数、代词、连词等问题。关键判别点包括选词、语法等问题。贴切度的衡量标准是语言地道程度、母语表达习惯、语域、风格等。

　　精确译文是指译文吻合目的语的表达习惯，与所使用的语境吻合，与原语风格一致，能体现出语域特征。准确的译文是指不存在错译、漏译、增译等现象，能忠实、完整地传递译文信息；不存在句序逻辑问题，术语、关键词翻译准确，句式有适当变化（不影响与原语的忠实度），不存在单复数、代词、连词等问题。

　　可理解的译文一般存在不影响关键理解的错译、漏译和增译现象，如，在词法方面，存在部分术语瑕疵、用词不当、词序颠倒、单复数错误、关联词错误、连词缺失、动词并列、名字错误、缩略语错误、量词确实特殊格式错误等；在句法层面，存在局部内在逻辑错误、与源语有逻辑差异、断句、主谓搭配、衔接、语法、时态、语态等非关键性错误；在句子层面，漏译部分不重要内容和局部次要信息等。

　　部分可理解的译文存在半数及以上的翻译错误，局部翻译可接受；在词法层面，存在术语瑕疵、关键词用词不准确、存在词序错误、较严重的用词不当、名词限定结构内部逻辑错误以及其他动词搭配、代词指代不清、数字错误、修饰限定成分错误、副词位置等错误；在句法层面，存在句序逻辑错误、句子成分缺失、错乱、不忠实于原文、主语不明确、多重谓语、衔接等问题。漏译部分信息、漏译关键词、漏译主语、漏译名词和形容词等非主要内容等。

不可理解的译文存在严重错译、漏译或者增译现象，如，在词法层面，存在术语翻译错误、关键词、中心词翻译错误，存在不可理解的语义、语法错误以及其他造成不可逾越的理解障碍的错误，如关联词、转折词、介词；在句法层面，存在较为严重的逻辑错误、断句错误、不忠实于原文、缺失谓语等句子成分、主谓不匹配、严重的时态、语态错误以及其他严重影响理解的处理错误，如主语译为独立句子、限定转为并列、成语、谚语等固定用语翻译错误；漏译句子、术语、核心词和主要内容等。

四、错误类型实例分析

为进一步明确不同评估指标所对应的具体错误类型，我们选取现有四大主流翻译引擎在不同类型文本测试过程中（参看：本章第三节、第六节"研究方法"部分）译文出现的问题来逐一举例说明。

（一）不可理解的译文

1. 术语或关键词错误

例1：目前，与铝合金化的镁约占镁合金应用总量的43%。

译文：At present，aluminum alloy and magnesium alloy account for about 43% of total applications.

在例1中，原文是与"铝"合金化的"镁"，而译文分解成了"铝合金与镁合金"。术语"镁"及"合金化"错误，导致整句翻译出现问题，与原文出入较大。

例2：人格权的支配性与支配权的支配性有本质差异。

译文：First，there are essential differences between the domination of personality and that of domination.

在例2中，译文错译关键词"人格权""支配权"以及"支配性"，三个关键词错误导致译文无法理解，无法准确传达原文意义。

例3：刑法上侵害个人权益的禁止性行为，在民法上也属于禁止性行为。

译文：Prohibited sexual acts that infringe on individual rights and interests in criminal law are prohibited sexual acts in civil law as well.

例 3 中，关键词"禁止性行为"翻译错误，译文中将"禁止性行为"一个词拆成"禁止""性""行为"三个词进行翻译，容易让读者摸不着头脑，难以理解译文。

2. 逻辑结构混乱

例 4：商用飞机与汽车减重相同质量带来的燃油费用节省，前者是后者的近 100 倍。

译文：Commercial aircraft and cars lose the same mass of fuel cost savings. The former is nearly 100 times the latter.

在例 4 中，原文的逻辑是：在商用飞机与汽车减去相同质量的条件下，商用飞机的燃油费用的节省是汽车燃油费用节省的近 100 倍。而译文逻辑不清晰、较为混乱，未能将"商用飞机与汽车减重相同质量"这一意义单位表示出来，由此所带来的"燃油费用节省"这一逻辑关系也没有表示出来。由此导致译文逻辑混乱、难以理解。

例 5：镁合金变形件塑性加工条件控制困难，导致组织与力学性能不稳定。

译文：Plasticity of magnesium alloy deformed parts, difficult to control processing conditions，resulting in unstable tissue and mechanical properties.

例 5 中，原文逻辑为：镁合金变形件 / 塑性加工条件 / 控制困难，导致组织与力学性能不稳定，而译文译为：镁合金变形件塑性 / 加工条件控制困难，导致组织与力学性能不稳定。机器翻译译文未能处理好"塑性""变形件""镁合金"和"加工条件"还有"控制困难"之间的关系，导致译语混乱，背离原文，打乱了原文的内在逻辑及层次。

例 6：更重要的是其机动性能改善可极大提高其战斗力和生存能力。

译文：More importantly，its maneuverability can be greatly improved. Improve their combat effectiveness and survivability.

例 6 中，原文逻辑的是："机动性能改善"可以"极大提高其战斗力和生存能力"，而译文在"机动性能改善"与"提高战斗力与生存能力"间断句，插入了句号，切断了前后的逻辑关系，且拆开翻译导致后一句句子结构不完整。

3. 关键句子成分错误

例7：此处采取的同样是"定义＋列举式"规定。

译文：The same is taken here for the definition + enumeration.

例7中，译文中主语翻译不完整，关键词"规定"没能翻译出来。主语这一关键成分缺失会给读者带来理解障碍，甚至造成理解上的偏差和错误。

例8：国家保护能够识别公民个人身份和涉及公民个人隐私的电子信息。

译文：National protection can identify the personal identity of citizens and electronic information concerning the privacy of citizens.

例8中，原文是主谓宾结构"国家保护……电子信息""能够识别公民个人身份和涉及公民个人隐私的"是"电子信息"的定语，机器翻译将其译为偏正结构"国家的保护"，而且做了整个句子的主语，导致译文逻辑结构上与原文不符，句意与原文出入较大。

4. 漏译关键信息

例9：信息主体对个人信息的支配主要体现为信息的使用，主旨在于维护自身人格的自由发展。

译文：The main purpose of information subject is to maintain the free development of their personality.

例9中，译文仅仅翻译了句子开头部分"信息主体"和后半句"主旨在于……"，漏译"对个人信息的支配主要体现为信息的使用"，导致信息不完整，逻辑结构缺失。

例10：接下来本文从系统安全、网络安全以及应用安全三个研究领域，按照上述机器学习的一般流程，对机器学习在网络空间安全领域的典型应用进行了分析和讨论。

译文：Next，the typical applications of machine learning in Cyberspace Security are analyzed and discussed according to the general process of machine learning.

例10中，译文出现大部分漏译，漏译"本文从系统安全、网络安全以及应用安全三个研究领域"前半部分，仅翻译了句子开头"接下来"和后半部分"按照……"。漏译关键信息，影响读者理解，未传递原文完整信息。

5. 原文与译文有较大出入

例 11：因为这也许可以相对降低环境对个体的危害。

译文：Because this may be relatively less harmful to the individual.

例 11 中，原文强调"环境对个体危害"，而译语中直接译为"减少对个体的危害"，省略了"环境"，造成原文与译文有意义上的出入，一定程度上传达信息不完整。

6. 成语、谚语等翻译错误

成语、谚语表达经典凝练，内含丰富的中华文化内涵，对于机器翻译而言尚且存在很大难度，目前的神经机器翻译引擎尚且不能很好地对这一文化负载词进行翻译，故而其译文存在许多问题，尚不能准确传递意义与内涵。如，"举重以明轻"译为"Lifting weights are light and light、Lifting weights lightly 或 Weight lifting light"，过犹未及译为"Is it too late、Is it too bad"等。

7. 断句错误

例 12：然后从系统安全、网络安全和应用安全三个层面着重介绍了机器学习在芯片及系统硬件安全、系统软件安全、网络基础设施安全、网络安全检测、应用软件安全、社会网络安全等网络空间安全领域中的解决方案。

译文：Then from the three aspects of system security, network security and application security, it focuses on the network space security of machine learning in chip and system hardware security, system software security, network infrastructure security, network security detection, application software security, social network security, etc. solutions in the field.

例 12 中，原文的限定语过长、列举多，导致在翻译中中心词被割离。

（二）部分可理解的译文

部分可理解的译文是指：译文中包含部分错误信息，抑或译文部分信息与原文有出入、不准确的地方。

1. 术语部分译出或翻译有瑕疵、关键词错误等

术语或专有名词翻译结果不是百分百准确，此类瑕疵在经过认知加工后可以理解。例：术语"巨自噬"被译为"giant autophagy、mega autophagy"，应为"macroautophagy"；专有名词"越南总理"被翻译成

"Vietnamese Prime Minister"，应为："Prime Minister of Vietnam"。

翻译长限定结构的名词时，常出现名词罗列严重的现象，并未译出原有限定结构与意义，致使该类名词翻译效果不佳。例："镁合金低压铸造设备"译为"magnesium alloy low-pressure casting equipment"；"安全专家人工修复方法""零日漏洞问题"分别译为" the safety expert manual repair method""the zero-day vulnerability problem""自噬分子机制调控"译为"autophagy molecular mechanism regulation"。

翻译过程中出现切词错误，不能准确识别专有名词，切分成普通名词。如"镁合金铸件容易形成缩松和热裂纹"中的"缩松"翻译成"shrinkage、loose"，应为"shrinkage porosity"。

2. 缺少或错误使用谓语动词

例 13：有学者认为，个人信息数量众多，其边界过于模糊。

译文：Some scholars believe that a large number of personal information, its boundary too vague.

例 13 中，译文从句缺少谓语动词，应在"a large number of personal information"前加一个合适的谓语动词，或者按照原文逻辑将"个人信息数量是众多的"译为"The amount of personal information is numerous"。

例 14：传统依靠固定规则的网络入侵检测方法，面对不断增大的数据维度和复杂的网络行为，出现大量误判警告或判别时间较长。

译文：The traditional network intrusion detection method that relies on fixed rules faces the increasing data dimensions and complex network behaviors, and a large number of misjudgment warnings or discriminations take a long time.

例 14 中，最后一部分缺少谓语动词，漏译了动词"出现"。另外出现谓语成分使用不当的现象，将原文"判别时间 / 较长"译作"判别花费了很长的时间"，改变了结构与语义，没有准确传达原文意义，在理解上给读者带来障碍。

例 15：网络用户或者网络服务提供者利用网络公开自然人基因信息、病历资料、健康检查资料、犯罪记录、家庭住址、私人活动等个人隐私和其他个人信息，造成他人损害。

译文：An Internet user or Internet service provider may use the Internet to disclose personal privacy and other personal information such as genetic information, medical records, criminal records, home addresses, private activities, etc., of a natural person, thereby causing.

例 15 中，译文为："网络用户或者网络服务提供者利用网络公开个人隐私和其他个人信息比如基因信息、病历资料、健康检查资料、犯罪记录、家庭住址、私人活动，等，自然人，因此造成"。在伴有很多列举的情况下，机器翻译不易理解其中的逻辑关系，造成在对后续的谓语动词及句子翻译时存在一定的问题。

3. 词序或用词不当导致歧义

例 16：镁合金是目前实际应用的最轻的金属结构材料。

译文：Magnesium alloy is the lightest metal structural material currently in practical use.

例 16 中，译文在翻译"currently"时位置错误，译文中的"currently in practical use"应改为"in practical use currently"。译文不符合语法规则，但是读者能够加上认知补充对原文进行理解。

例 17：个人信息的侵权判定原则上要进行利益衡量。

译文：The principle of personal information infringement should be weighed in principle.

例 17 中，译文在翻译过程中用词不当，将"判定"译作"the principle""侵权"译作"infringement"，用词不当将会导致歧义，或影响理解，导致意义的传达不准确。

例 18：此处采取的是"定义 + 列举式"规定，即法律保护隐私信息和个人信息。

译文：The definition here is "Definition + Enumeration", which means that the law protects private and personal information.

例 18 中，原文"此处采取的是……规定"，在译文中被处理为"此处定义为"，用词不当导致意义被改变，背离原文，造成译文的不忠实，同时将会影响读者理解。

4. 断句、语序错误，一句话两个意群

例 19：而后者会损害个体的认知能力并加深与年龄有关的学习损害。

译文：...while the latter impairs the individual's ability to learn. Cognitive ability and increased age-related learning impairment...

例 19 中，译文意义为："而后者会损害个体的学习能力。认知能力及加深与年龄有关的学习损害。"原句一整句话被以逻辑混乱的方式断成两句话，且没有逻辑，破坏了原句的逻辑关系，原句完整的一句话变成两个意群，造成翻译出错。

例 20：与对照组相比，前者有更好的神经可塑性及更低的焦虑水平。

译文： ...and have better neuroplasticity compared with the control group. And lower levels of anxiety...

例 20 中，原文中"更好的神经可塑性""更低的焦虑水平"本为并列关系，而在译文，却将"更低的焦虑水平"单独成句，断句错误造成意义与前文割裂。

5. 增译、漏译

例 21：而后者会损害个体的认知能力并加深与年龄有关的学习损害。

译文： ...while the latter impairs the individual's ability to learn. Cognitive ability and increased age-related learning impairment.

例 21 中，译文出现增译现象，原文中不存在的内容而出现在译文中。译文增译"ability to learn"，突然增加的内容易破坏原文结构与意义，从而导致翻译的错误。

例 22："信息刑案解释"除了第 1 条和第 13 条外，其他 11 个条文都是关于定罪、量刑的具体规定，都是在为他人划定清晰的"行为禁区"。

译文： "Interpretation of Information Criminal Cases" in addition to Articles 1 and 13, the other 11 provisions are specific provisions on conviction and sentencing, all of which are clearly defined for others.

例 22 中，译文漏译"行为禁区"。漏译内容相对较少，但是出现漏译信息的现象便会导致意义的不完整，从而影响对译文的理解。

（三）可理解的译文

可理解的句子是指没有重大的连贯问题、但存在某些可以忽略的语法问题的句子。尽管存在一些翻译瑕疵，却并不影响读者对原文意义的理解。

1. 术语翻译有瑕疵

术语翻译结果存在一定瑕疵，但是不影响对句子语义的理解，加之读者对术语的理解推测，仍可以对整句意义进行把握。例："网络空间安全"译为 "cyberspace security" 或 "network space security"；术语 "应用流程"译为 "application process" 或 "application flow"；术语 "密码学" 译为 "cryptology" 或 "cryptography"。

2. 名词限定结构处理不当

例 23：丁文江等将涂层转移制芯技术、坩埚液体金属密封技术与低压铸造技术相结合，开发了镁合金大型铸件的精密低压铸造成型工艺。

译文：Ding Wenjiang and others developed precision low pressure casting molding process of magnesium alloy large castings by combining coating transfer core-making technology，liquid metal seal crucible technology and low pressure casting technology.

例 23 中，原文名词限定结构 "镁合金大型铸件的精密低压铸造成型工艺" 被译作 "precision low pressure casting molding process of magnesium alloy large castings"（即：镁合金大型铸件的精密低压铸造成型工艺），翻译时将这一限定结构进行直译，罗列堆砌单个字词的意义，翻译处理不当，出现瑕疵。

3. 句子衔接不明，但不影响文意

例 24：实现两台镁合金低压铸造设备在不同工位之间的切换，保证镁合金铸件生产连续进行的镁合金低压铸造连续化生产技术。

译文：The switch between the two magnesium alloy low-pressure casting equipment in different working positions can be realized.The continuous production technology of magnesium alloy low pressure casting to ensure the continuous production of magnesium alloy castings.

例 24 中，原文句子衔接逻辑为："保证……生产技术"，而在翻译过程中进行了一定改动，译为 "生产技术保证……生产"。

4. 漏译部分非重要信息

例 25：而触变压铸则是将预制的组织细小的半固态锭料重新加热到半固态区间进行压铸的成形工艺。

译文：While thixodiecasting is a process in which prefabricated semisolid ingots are reheated to the semisolid interval for die casting.

例 25 中，译文漏译部分非重要信息，多为修饰成分。该译文漏译 "组织细小的"信息，尽管出现这一漏译现象，但是缺失部分非重要的修饰成分，并不影响主要意义的传达与理解。

5. 用词不当

例 26：2017 年 5 月，勒索病毒软件利用系统漏洞进行攻击，造成全球多个国家数十万用户电脑中毒；

译文：In May 2017, ransomware software exploited system vulnerabilities to attack, cause computer poisoning of hundreds of thousands of users in many countries around the world；

例 26 的译文用词不当，原文"电脑中毒"，被译作"computer poisoning"，此"中毒（poisoning）"非彼"中毒（infecting）"。正确译法为"infecting computers"。尽管这一错误给人错愕之感，但是对读者意义理解的影响较小。

例 27：当前也已经具备研发并小批量试制质量达 100 kg 镁合金铸件的能力。

译文：At present, it has the ability of developing and producing magnesium alloy castings with quality up to 100 kg in small batch.

例 27 中，原文中"质量"一词译为"重量"，而译文却处理为"quality"。"quality"只能用于品质好坏，不能用于表重量，一定程度上造成读者的理解困扰。但是读者在前后文语境下，大致能理解原文之意义，尽管个别词汇出现翻译偏差，却不影响对整句意义的理解。

（四）准确译文

准确译文的判定主要从用词、语法的角度来衡量，即在译文中除了保证逻辑、术语准确外，没有在语法、用词搭配等层面的硬性错误。

例 28：中国两大主体税种是企业所得税和增值税，它们均是共享税。

译文：The two main types of taxes in China are corporate income tax and value-added tax, which are all shared taxes.

例 28 中，译文可理解，但是在代词和贴切度上有待提高。两个句子中间用 which 衔接比较生硬，更好的译法为"both of which"。

例 29：不同地方在于，本文删去关键变量大于 99.5% 分位数和小于 0.05% 分位数的观测值。

译文 1：The difference is that the observed values of key variables greater than 99.5% and less than 0.05% are deleted.

译文 2：But the difference is that this paper deletes the observation values of key variables larger than 99.5% and smaller than 0.05%.

例 29 中，译文 1 中的"greater"与"less"使用不当，"larger"和"smaller"更吻合上下文。此外，译文 1 中从句的主语过长，不太吻合英语表达习惯，译文 2 相比而言更加接近学术类语篇特点。

例 30：自噬是一种进化上保守的细胞内的降解行为，参与了很多生理和病理过程。

译文：Autophagy is an evolutionarily conserved intracellular degradation behavior that participates in many physiological and pathological processes.

例 30 中，participate in 一般指有生命的个体或群体参与了某项活动，但此句中主语本身是一种行为或过程，词汇选择上存在问题，在意思上存在细微差别。此处用"is involved in"更为准确。

例 31：直到 20 世纪 90 年代，Yoshinori Ohsumi 利用酵母遗传学的手段鉴定了多种自噬相关基因（ATG），如 ATG1 和 ATG13。

译文：It was not until the 1990s that Yoshinori Ohsumi used yeast genetics to identify a variety of autophagy-related genes（ATG），such as ATG1 and ATG 13，that the development of autophagy regulation was initiated.

例 31 的译文中，use 的使用不太贴切。

（五）精确译文

精确的译文主要从贴切度的角度来衡量，是指译文在文体、风格上吻合该领域语言的特征。

例 32：本文认为，要研究转移支付对税收努力的作用机制，必须分别考察一般性转移支付、生产性专项转移支付、民生性专项转移支付的作用机制，并且要将政府的支出偏向纳入理论和经验分析中。

译文：This paper argues that in order to study the mechanism of transfer payment on tax efforts，we must examine the mechanism of general transfer payment，productive special transfer payment and livelihood special transfer payment respectively，and put the government expenditure bias into theoretical and empirical analysis.

如例 32 的译文虽然满足了意义交流的需要，但是在学术论文中，应尽量规避人称代词和主观意见态度的词汇出现，argues、we 等词汇的使用都有待改进。

例 33：一般性转移支付是中央政府为缩小地区财力差距，按公式法分配资金的转移支付，也称无条件转移支付。

译文 1：The general transfer payment is the transfer payment of funds allocated by the central government according to the formula method in order to narrow the regional financial gap，also known as unconditional transfer payment.

译文 2：General transfer payment is the transfer payment of the central government to narrow the regional financial gap and allocate funds according to the formula method. It is also called unconditional transfer payment.

例 33 中，译文在冠词的使用、句法逻辑和插入语的位置等层面有进一步改进的空间，仅需进行细微的调整即可达到精确的标准。

第三节　学术类语篇机器翻译译文质量评估

学术类语篇的特点是语言严谨凝练、逻辑性强、术语多、专业性强、书面语特征明显，而且不同领域的语言风格差异较大。此研究旨在评测机器翻译在翻译学术类语篇时术语的准确度和译文的可接受度，同时对比机器翻译在翻译人文科学和自然科学语篇时的异同。

一、研究方法

（一）研究目的

此研究期待解决如下几个层面的问题：机器翻译学术类语篇的现有翻译水平怎样？怎样来评测？机器翻译在翻译学术类语篇不同垂直领域时是否存在差异？机器翻译在哪些层面对职业译者、学生译者等不同群体有借鉴价值？

（二）测试材料

此研究的测试语种为英语，翻译方向为中到英。测试材料选择学术论文类的自然语篇。人文科学和自然科学分别选取三个领域，其中人文科学包括法律、政治经济、心理学，自然科学包括生物学、计算机、航空航天。上述安排便于对各个领域以及对人文和社科两个大类分别进行对比。

各个领域所选取的文章均来自 CSSCI 来源期刊，这些刊物包括《法学研究》《载人航天》《计算机学报》《生物学杂志》《心理科学进展》《世界经济》。为保证语篇的连贯性，所选取的语篇都把题目、摘要、小标题、图示、文内引用以及括号中的解释部分等内容剔除。

表 5-5　学术类语篇测试材料基本信息汇总

	法律	航空航天	计算机	生物科技	心理学	政治经济
文章题目	个人信息的侵权法保护	镁合金在航空航天领域研究应用现状与展望	机器学习在网络空间安全研究中的应用	细胞自噬研究方法的比较与分析	母爱行为对子代心理及行为的影响：基于动物模型的结果与思考	转移支付和税收努力：政府支出偏向的影响
来源	《法学研究》2018年第4期	《载人航天》2016年第22卷第3期	《计算机学报》2018年第41卷9期	《生物学杂志》2018年第4期	《心理科学进展》2018年第26卷第3期	《世界经济》2018年第7期
字数	2873	1912	2573		2646	2660
测试时间	2018年10月10日	2018年10月22日	2018年10月22日	2018年10月10日	2018年10月10日	2018年10月10日

测评包括术语翻译质量和译文翻译质量测评两部分。第一部分术语数量控制在30个专业术语，采用上述6个领域的自然语篇。因术语密度不一致，语篇长度不做严格限定。译文质量测评语篇长度以构成完整意义单位的60（余）个单句为限。为防止机器翻译引擎服务器更新对翻译结果造成的影响，各个引擎的实验测试统一控制在统一时间进行。

（三）测试步骤

在开始前，首先用某一领域的语篇进行前测，测试语篇长度是否会影响到机器翻译的译文质量。然后，用谷歌翻译、百度翻译、翻译君、有道翻译4个在线机器翻译引擎对6篇学术类语篇进行在线翻译测试。之后，按照10分、5分、0分三个标准对术语和译文翻译质量进行打分。最后，对不同翻译引擎的术语和译文翻译质量进行统计，评测机器翻译术语翻译质量。

（四）量化方法

术语测评分为准确、基本准确和错误三个层级，分别对应10分、5分、

0 分。评测采用准确率（准确率 = 正确个数 / 总个数）和得分率两个标准（得分率 = 测评所得分数 / 每个领域所对应的总分数）。无特殊情况说明时，本论著中所有关于机器翻译译文质量评估的量化分析都是采用这两个评测标准。

表 5-6　航空航天术语翻译质量评分示例

中文术语	标准译文	译文 1	评分	译文 2	评分
缩松	shrinkage porosity	shrinkage	5	shrinkage porosity	10
热裂纹	hot cracks	hot cracking	5	hot cracking	5
塑性加工条件	plastic processing conditions	plasticity	0	plastic working condition	5
普通黏土砂	common clay sand	ordinary clay sand	5	common clay sand	10
水玻璃砂	sodium silicate sand	water glass sand	0	sodium silicate sand	10

鉴于机器翻译现有的翻译质量，译文质量评测以"可理解度"（understandability）为标准来衡量。按照单句的"可理解度"，划分为可理解、介于中间值的部分可理解和不可理解三个层级，分别对应 10 分、5 分和 0 分。评分时，先将原始语篇人工切分成具有完整意义单位的单句，再对各单句按照上述标准进行人工打分。具体评测采用可理解率、部分可理解率、不可理解率三个标准来衡量，分别对应各部分单句个数与语篇所包含的单句总个数的百分比。

单句"可理解"（10 分）是指译文表意功能明确、能完整地传达信息并达到交际目的，局部的语法、词法、搭配等非关键问题忽略不计。

例 34：镁合金的应用能带来巨大的减重效益和飞行器战技性能的显著提升。

译文：The application of magnesium alloys can bring huge weight reduction benefits and significant improvement in aircraft combat technology.

部分可理解的单句（5 分）一般文意大致可理解，但不吻合表达规范，存在局部错译、漏译、名词罗列、副词位置错误、术语翻译瑕疵、句子结构不完整或赘余等问题。

例 35：镁合金是目前实际应用的最轻的金属结构材料。

译文: Magnesium alloy is the lightest metal structural material currently in practical use.

不可理解的单句（0分）指存在逻辑错误、术语错误、句子结构混乱、表述不通、与原文意义不吻合等重大问题的句子。

例36: 商用飞机与汽车减重相同质量带来的燃油费用节省，前者是后者的近100倍。

译文: Commercial aircraft and cars lose the same mass of fuel cost savings, the former is nearly 100 times the latter.

二、测评结果

（一）前测

以法律领域的语篇为测试样本进行前测，结果表明，所选取的语篇长短不影响译文的翻译质量。

（二）术语翻译质量测评

按照30个术语的标准截取语篇，各个领域的术语密度分布如下：航空航天术语37字/个，生物科技41字/个，计算机105字/个，法律93字/个，政经105字/个，心理学116字/个；科技领域平均61字/个，人文社科领域的术语密度平均105字/个。整体来看，科技领域的术语分布密度比人文社科领域的分布要大。

按照此研究设定的量化方法，我们以4个在线机器翻译引擎所测得的各领域准确率和得分率的平均值作为衡量此领域机器翻译术语翻译质量的标准，各领域测试结果如下。

表5-7　各领域机器翻译术语准确率和得分率对比（单位：%）

领域/分类	准确率	得分率
政经	41	67
法律类	51	70
心理学	73	75
计算机	72	76
航空航天	80	84
生物科技	82	86

上述结果表明，机器翻译在政经、法律领域的术语准确率较低，在心理学、计算机、航空航天、生物科技领域的准确率逐步上升，而各大领域的术语得分率均在 65% 以上。研究表明，机器翻译的术语翻译准确率较高。

人文和科技两大领域对比而言，机器翻译在科技领域的翻译准确率和得分率高于人文领域的准确率。各大引擎的术语翻译准确率和得分率排序如下（参看表 5-8）。

表 5-8　人文社科 vs. 科技领域各大引擎准确率和得分率对比（单位：%）

标准 / 引擎		引擎 1	引擎 2	引擎 3	引擎 4
准确率	人文	63	57	53	50
	科技	78	81	77	76
	平均	70	69	65	63
得分率	人文	75	71	69	68
	科技	82	85	81	80
	平均	79	78	75	74

（三）译文"可理解度"测评

按照本文所确定的量化方法，译文质量采用"可理解度"作为衡量标准。六类语篇在四大翻译引擎的平均值可以代表机器翻译在翻译学术类语篇时整体上的"可理解度"。统计结果显示，机器翻译学术类语篇翻译的"可理解度"达到 72%；各大翻译引擎整体上的翻译水平没有太大差异，可理解度均维持在 70% 上下。

四大翻译引擎在各大领域翻译的平均值可以反映机器翻译对不同领域的翻译水平。结果显示，按照翻译"可理解率"排序：计算机（88%）、航空航天（80%）、生物（70%）、心理学（72%）、法律（67%）、政经（56%）。各大翻译引擎在各大垂直领域的翻译水平也不一而同。引擎 1 在计算机和生物两大领域较占优势；引擎 2 在计算机，航空航天两大领域领先优势突出；引擎 3 在计算机、航空航天、心理学和法律领域较为突出；而引擎 4 在计算机、航空航天、生物相对比较突出（参看表 5-9）。

表5-9　四大翻译引擎各领域语篇机器翻译译文"可理解率"对比（单位：%）

领域 / 引擎	引擎 1	引擎 2	引擎 3	引擎 4	平均值
计算机	82	96	91	84	88
航空	68	87	82	82	80
生物	78	65	63	73	70
心理学	67	72	80	67	72
法律	63	71	71	63	67
政经	57	48	52	65	56
平均值	69	73	73	72	72

人文和科技两大领域的机器翻译"可理解率"对比研究显示，人文领域可达 65%，科技领域可达 79%，各大翻译引擎无太大差异（参看表 5-10）。此外，国内翻译引擎的平均值甚至略高于国外引擎，说明在中译英领域国内引擎做的更有优势。

表5-10　人文 vs. 社科类语篇机器翻译可理解率对比统计（单位：%）

分类 / 引擎	引擎 1	引擎 2	引擎 3	引擎 4	平均
人文—可理解率	62	63	68	65	65
科技—可理解率	76	83	79	80	79

通过对学术类语篇机器译文质量的量化和质化分析，我们发现，四大主流翻译引擎在科技翻译和科技术语翻译上优势突出，人文社科领域及人文社科译文翻译质量和术语翻译质量有待加强，人文社科领域法律术语的准确率高于其他。

机器翻译的术语翻译准确率均值可达 67%，得分率可达 76%，具有较高的借鉴价值；在科技领域术语准确率均值可达 78%，得分率达到 82%，借鉴价值较高；人文社科术语准确率均值为 55%（借鉴价值较低），但得分率均值达到 71%，也具备较高的借鉴价值，需要进一步的核实校正。

机器翻译学术类语篇译文的可理解率平均可达 72%，借鉴价值较高；计算机、航空航天、生物（较差）科技类可理解率均值达到 79%，借鉴价值较高；心理（较好）、法律（较好）、政经（最差，拉低整体水平）等人文社科类可达到 65%，借鉴价值相对较低。

上述研究结果表明，机器翻译对于翻译时的借鉴价值还是有待发掘的，尤其是科技类文本翻译。

第四节　机器翻译主要错误类型及改进方法研究

机器翻译译文的主要错误类型集中在无主语句、谓语、名词限定结构和插入语的处理上。下面我们以上述四个方面为例，详细分析机器翻译在上述各种情况出现的具体问题及其可能的解决办法。

一、无主句错误分析及建议

汉语中句法松散而结构简单明快，主要依靠句子内在逻辑传达意义。无主语句汉语的口头或书面表达中都常常出现，同时也是《政府工作报告》中的常见句型。生活中也常出现如"吃了吗""去哪儿了"这样句子中不含主语的表达。而英语有严格的语法规则，注重主语。英语句型常要求有一个或多个主语和谓语动词，每个句中主语和谓语成分都是不可缺少的。鉴于汉语与英语中这一句法规则的明显差异，在对无主语句进行翻译时需要引起注意。

此部分研究选取了政经和计算机领域的两篇学术论文作为机器翻译测试的样本。政经类文本选自 2018 年《世界经济》的《转移支付和税收努力：政府支出偏向的影响》，计算机文本选自 2018 年《计算机学报》的《机器学习在网络空间安全研究中的应用》。语篇长度控制在 60 个单句，两篇文本分别放到四大机器翻译引擎（谷歌、百度、有道与翻译君）进行翻译，之后筛选其中的无主句进行中、英对比分析。

政经类文本 60 句中出现 4 句无主语句，计算机文本出现 8 句无主语句。以下特选取典型实例进行分析。

例 37：从现在文献看，尚有不少讨论余地。

译文：And there is still a lot of room for discussion from the current literature.

例 38：令人意外的是，据我们的文献检索结果，尚未发现从理论上阐明专项（或条件）转移支付对税收努力的影响机制。

译文：Surprisingly, according to our literature search results, we have not yet found a theoretical elucidation of special (or conditional) transfer payment on the impact of the tax effort mechanism.

例 39：首先详细阐述了机器学习技术在网络空间安全研究中的应用

流程。

译文：Firstly，the application flow of machine learning technology in cyberspace security research is described in detail.

例40：而在系统安全、网络安全、应用安全三个方向中有大量的研究成果发表。

译文：But in the system security，the network security，the application security three directions have the massive research achievement to publish.

以上的无主句中，我们可以看出翻译君在处理无主语句时主要采取"被动语态"（例39）、直接翻译（例40）、增加主语（例38）和"there be"句型（例37）四种处理方式。尽管如此，我们仍可以发现无主句机器翻译中存在的一些问题。

译者在面对无主语句时常采用的方式为5种：补充主语、使用被动语态、使用祈使句、使用形式主语"it"的原则以及使用"there+be"句型的原则。其中，当汉语无主句表示请求、命令、号召、口号等时，可采取英语祈使句译出。而当汉语无主句表示说话人的意见、观点和见解时，可使用" it+ be+ adj. /noun phrase+ to do sth."句型。

考虑到现在机器翻译水平无法达到与人相同的理解水平，可以采用译前编辑[1]加机器翻译的处理方式进行无主句的翻译。在机器翻译之前，将无主语句筛选出来，对其进行人工处理，将原文的主语根据上下文补充出来。

在政经类文本中的4个句子中有1处错译，如下：

例41：2002 年所得税分享改革政策实施，调整为 50：50，2003 年后为 60：40。

译文：In 2002，the income tax sharing reform policy was implemented，adjusted to 50：50 and 60：40 after 2003.

在例41中，机器翻译采取了直接翻译方式，将主语错误地视为"所得税分享改革政策"。但根据上下文及推测可知译文呈现出语义错误。

而在计算机文本中也存在1处不妥，如下：

例42：而在系统安全、网络安全、应用安全三个方向中有大量的研究

1　译前编辑是指在机器翻译之前对需要翻译的文本或文档进行有针对性的修改编辑以提高机器翻译产出的质量。

成果发表。

译文：But in the system security，the network security，the application security three directions have the massive research achievement to publish.

在例 42 中，机器翻译采取直接翻译的方式，导致译文存在语法问题。

针对以上的两个问题句，可以用人工对其原语进行修改，第一句添加主语"该企业所得税的共享比例"；第二句调整语序。译前编辑后将修改过的原文再放入机器翻译中，结果如下：

原文：2002 年所得税分享改革政策实施，该企业所得税的共享比例调整为 50：50，2003 年后为 60：40。

译文：In 2002，the income tax sharing reform policy was implemented，the corporate income tax sharing ratio was adjusted to 50：50，and after 2003 it was 60：40.

原文：而有大量的研究成果发表在系统安全、网络安全、应用安全三个方向中。

译文：A large number of research results have been published in the three directions of system security，network security and application security.

可以看到，译文的质量较之前有了明显的提高。因此，可以采用译前编辑加机器翻译的处理方式进行无主句的翻译，从而提高机器翻译对无主语句的翻译质量。如果能熟练掌握译前编辑技巧，熟悉具体机器翻译引擎的特征，针对诸如无主语句等问题较多的语言现象的翻译，结合译前编辑的机译模式效率会高于完全人工翻译的效率。

二、谓语错误分析及建议

此部分重点分析研究机器翻译过程中谓语层面出现的问题和改进建议。研究节选五篇不同主题的学术论文进行机器翻译测试，测试引擎为国内外知名的四大翻译引擎。英语句法多用名词、介词组织语言，一个句子中只能有一个谓语，其他动词只能作非谓语。而汉语中一个句子里可以并列出现多个动词，致使汉英机器翻译中谓语的翻译很容易出错。测试发现，机器翻译过程中谓语错误的现象可以分为三类：谓语缺失、同一句内包含两个或多个谓语、主谓搭配错误。

1.谓语缺失

例 43：镁合金熔点较低（纯镁约为 650℃），凝固潜热小，凝固速度快，且合金液黏度低、流动性好，特别适于压铸生产。

译文：Magnesium alloys with low melting point（pure magnesium was about 650℃）, the solidification latent heat is small, fast solidification, and the low alloy liquid viscosity, good fluidity, particularly suitable for die casting production.

例 43 中，译文在处理原文内容"凝固潜热小，凝固速度快，且合金液黏度低、流动性好，特别适于压铸生产"时，谓语缺失，而译成"形容词＋名词"形式，译文较生硬，同原文略有出入。

2. 同一句内包含两个或多个谓语

例 44：镁合金熔点较低（纯镁约为 650℃），凝固潜热小，凝固速度快，且合金液黏度低、流动性好，特别适于压铸生产。

译文：The magnesium alloy has a lower melting point（pure magnesium is about 650℃）, has a low latent heat of solidification, a fast solidification rate, and has low viscosity and good fluidity, and is particularly suitable for die casting production.

例 44 的译文中出现多个谓语动词，在翻译列举时使用同一句式，却重复使用谓语动词"has"。译文略有瑕疵，但是并不影响读者理解。

3. 主谓搭配错误

例 45：三是贸易不平衡状况有所改善。

译文：Third, the trade imbalance has improved.

例 45 中的谓语动词由于选词和搭配不当导致译文产生与原文完全相反的意思。

机器翻译出现谓语翻译错误主要原因有：中英文句法结构存在着较大差异；语料库不完备，尤其是针对句法层面的专门语料目前很匮乏。鉴于此，提出两点改进建议：针对汉、英各自的句法特点，借鉴人工翻译的谓语处理方式，设计同类型较大规模的语料库，对机器翻译进行专项训练；增加主谓搭配训练语料，借助上下文提升译文翻译质量。

三、名词限定结构翻译错误分析及改进建议

　　名词限定结构是一种特殊的名词化（或名物化）[1]现象。国外著名语言学家韩礼德、乔姆斯基等都关注过英语语言中的名词化现象，他们曾试着探索名词化现象产生的原因及其在文本中具有的功能。相比之下，汉语中的名词化现象研究对英语相关研究借鉴过多，在学术界备受争议。其原因有：首先，英语在名词化过程中往往伴有明显的形式变化，如 -ing，-ion 等后缀的添加，for、of 等介词的使用（例如 the search for light），但中文的名词化则没有那么明显，最常见的只有"的"作为标记，如"他的受宠"和"她的美丽"；其次，汉语中词汇的词性形式变化不多，通常不固定为特定的某一种；此外，汉语中还存在一种特殊的名词化现象，就是在不含"的"的情况下，两个以上的词汇直接按照一定顺序排列形成复杂的长名词，而这些词汇可以被说成是名词化了，也可以直接被当作名词，如"美丽女孩成长日记"。由于第三种情况在学界未得到广泛深入研究，且汉语中存在很多这样的名词结构，机器翻译对此类名词限定结构的翻译效果不甚理想，所以此部分重点探究这种汉语特有名词化现象的机器翻译问题。为区别于一般的名词化现象，我们将第三种情况称之为"名词限定结构"。英文除了标题等格式特殊外，很少出现多个名词罗列的现象。

　　汉语中名词限定结构的词语间存在多重隐性逻辑关系，通常简要概括、不含"的"。多重逻辑关系是指词与词之间的复杂关系，不仅包含简单的修饰关系，还包含主谓、所属等关系。下面，我们选取生物、航天领域学术类语篇的机器翻译译文作为研究范本，进行举例分析。

表 5-11　生物、航天领域名词限定结构示例及其机器翻译译文

领域	原　　文	译　　文
生物	自噬起始复合物	autophagy initiation complex
	迷迭香酸甲酯诱导自噬	induction of autophagy by methyl rosmarinic acid
	自噬诱导	autophagy induction
	自噬调控蛋白	autophagy regulatory proteins
	营养供给调控自噬	nutrition supply regulates autophagy

1　胡壮麟（1996）指出，"名物化是将过程（其词汇语法层的一致形式为动词）和特征（其一致形式为形容词）经过隐喻化，不再是小句中的过程或修饰语，而是以名词形式体现的参加者。"

领域	原　文	译　文
	航空航天构件材料	aerospace construction material
	自硬树脂砂造型制芯工艺	core-making process of self-hardening resin sand molding
航天	模具使用寿命	service life of moulds
	镁合金低压铸造专用混合保护气体系统	special mixed protective gas system for magnesium alloy low pressure casting
	镁合金低压铸造全过程	the whole process of magnesium alloy low pressure casting

机器翻译此类名词限定结构时大部分采取词词对应的方法，个别词有形态变化，但结构上没有大的调整，词汇间的多重逻辑结构没有被翻译出来，译文生硬、呆板，达不到英语流畅、易懂的标准。综合两类文本的所有名词限定结构，其机器翻译译文质量评估结果如下。

表 5-12　名词限定结构机器翻译结果统计分析

	完全正确	直译错误	其他错误	总数
生物	8	2	1（信息遗漏）	11
航天	12	4	2（信息遗漏） 1（错译）	18

测试结果表明，名词限定结构的翻译准确率不太理想，出现问题的多为包含三个词汇或三个以上词汇的名词限定结构。如，"自噬分子机制调控"译为"autophagy molecular mechanism regulation"，经查证该领域常用的正确表达应为"the molecular mechanisms and regulation of autophagy"。这应该是一个典型的"回译"案例，原文作者借用英文概念翻译成中文，机器翻译再"字对字"从中文回译成英文，一来一往过程中导致大量信息丢失，原有隐含逻辑丢失，致使译文与原文大相径庭。机器翻译解决此类问题只能借助译者的译后编辑、通过补充查证才能完成。

四、插入语的处理

插入语是"句子中可以移走而不损害全句语法结构"且相对独立和完整的一部分，它的作用是"补充说明句中提到的事物或帮助表明说话的语气"。书面语中，插入语通常是放在两个逗号、破折号或括号之间；口语中，插入语的语调比句子的主要部分要低、要快。（丁往道，1962）

机器翻译在翻译含有插入语的句子时，通常难以正确获取句子的主要信息，从而产生翻译错误。此部分研究选取谷歌翻译、翻译君、百度翻译、有道翻译四大翻译引擎对学术类语篇中含有插入语句子的翻译结果进行分析，案例主要来自心理学和政治经济学两个领域。

例 46：对于啮齿类动物而言，异常母爱行为（主要是指产仔后雌性不经常舔舐幼崽、经常离窝、长时间不照顾幼崽，甚至还出现食仔癖现象）影响子代发育的范式通常有母婴分离、母爱剥夺和注射相关药物等。（心理领域，测试时间：2018 年 11 月 15 日）

译文 1： For rodents, abnormal maternal behavior（mainly refers to the paradigm that affects the development of offspring when females do not often lick young cubs，often leave the nest，do not care for young babies for a long time，and even have ticks）. There are usually mother-to-child separation，maternal deprivation and injection-related drugs.

译文 2： For rodents, the paradigm of abnormal maternal love behavior（mainly that females do not often lick their pups after giving birth，often leave their nests，do not take care of their young for long periods，and even the phenomenon of larval feeding addiction）affects the development of their offspring. There are maternal separation，maternal love deprivation and injection-related drugs.

译文 3： For rodents, the paradigms affecting offspring development include separation of mother and infant，deprivation of maternal love and injection of related drugs.

译文 4： For rodents, abnormal maternal love behaviors（mainly refers to that after giving birth，females do not often lick their young，often leave their nests，do not take care of their young for a long time，and even have the phenomenon of fetishism）often affect the development of offspring paradigms，such as mother-child separation，maternal love deprivation and injection of

85

related drugs.

例 46 中的原文是典型的包孕式插入语结构，原文正常逻辑应为"异常母爱行为影响子代发育的范式通常有……"。仔细分析上述四个机器翻译引擎的译文，可以发现不一样的问题。译文 1 处理此句话时，将"影响子代发育的范式"与"通常有……"分开翻译，并将"影响子代发育的范式"放入插入语之中，逻辑混乱，与原文出入大，难以理解。译文 2 在翻译时，将"通常有母婴分离、母爱剥夺和注射相关药物等"与前文割裂开，另起一句单独进行翻译，错误断句导致逻辑混乱，译文与原文意义出入。译文 3 的主要逻辑与原文基本相吻合，但是漏译现象严重，漏掉了"异常母爱行为"以及括号中的插入语。译文 4 的逻辑为："异常母爱行为经常影响子代发育范式，如母婴分离、母爱剥夺和注射相关药物等"，翻译时过度"字对字"直译导致逻辑不通顺，与原文意义有出入。

例 47：同理，对交叉抚养（先接受高水平的母爱行为，再接受低水平的母爱行为；或先接受低水平的母爱行为，再接受高水平的母爱行为）的后代雌激素受体 α 表达水平的分析也发现个体基因表达改变受到母爱行为的调控。

译文 1: Similarly, the level of estrogen receptor alpha expression in the offspring of cross-raising（first accepting high levels of maternal love behavior, then accepting low levels of maternal love behavior; or accepting low levels of maternal love behavior, and then accepting high levels of maternal love behavior）... The analysis also found that individual gene expression changes are regulated by maternal behavior.

译文 2: Similarly, the expression of estrogen receptor alpha（ER α）in offspring of cross-rearing（first receiving high level maternal love behavior, then accepting low level maternal love behavior; or accepting low level maternal love behavior first, then accepting high level maternal love behavior）... Horizontal analysis also found that individual gene expression changes were regulated by maternal love behavior.

译文 3: Similarly, the analysis of estrogen receptor alpha expression levels in offspring of cross-rearing（high level of motherly love behavior before low level of motherly love behavior; or low level of motherly love behavior before high level of motherly love behavior）also found that individual gene expression changes were regulated by motherly love behavior.

译文 4：Raised in the same way, on the cross (to accept high levels of maternal love, to accept a low level of maternal love; Or to accept a low level of maternal love, to accept a high level of maternal behavior) the offspring of the estrogen receptor alpha expression level of individual analysis also found that gene expression changes by maternal behavior regulation

例 47 中，原句中文逻辑是"对交叉抚养的后代雌激素受体 α 表达水平的分析也发现……"。译文 1 将原文翻译为"交叉抚养的后代的雌激素受体 α 水平表达，分析也发现……"，同时将"分析发现……"与前部分断开翻译，导致译文存在问题、逻辑混乱。译文 2 的句子架构为："交叉抚养的后代的雌激素受体 α 表达，……水平的分析也发现……"，将"表达水平"拆分开，而将"水平分析"作为一个整体，逻辑与断句上均存在问题。译文 3 的句子逻辑基本正确，但翻译也存在瑕疵，如"表达水平"译为"expression levels"，出现名词机械罗列的现象。译文 4"字对字"直译现象严重，译文未表达出原文逻辑，词序上并未对原文进行处理，名词罗列现象严重，导致译文难以理解。

上述分析发现，机器翻译引擎在翻译插入语时存在不同问题，如断句错误、逻辑不明、漏译、过度直译、表达及用词有缺陷等。含有插入语的句子较长、结构复杂，机器翻译在断句上最容易出现问题，会出现把一句逻辑完整的句子断成两句的情况，导致意义与逻辑错误。此外，机器翻译直译内容很多，无法将插入语两端的句子成分连起来翻译，且过度直译常导致翻译理解障碍。在使用机器翻译进行辅助翻译时，可以借助译前编辑规避这样的问题。

第五节　AI 同传中的语音识别问题研究

AI 同传是将一种语言的语音转换成另一种语言的语音，涉及语音识别、机器翻译、语音合成技术三个层面的人工智能技术（电科技，2018）。受 AI 同传技术和翻译质量的影响，AI 同传目前主要应用场景有会议记录誊写、跨语言投屏和个别对同传质量要求不高的情境下的同传服务等。语音识别是影响 AI 同传质量的先决条件。本节重点研究现有 AI 同传技术条件下，不同领域中文语音识别的准确率及其主要错误类型，以期明确 AI 同传语音识别模块在 CAIT 系统中应用的可能性和应用过程中需要注意的问题。

一、理论基础

语音识别过程首先要对语音信号进行声学特征提取，之后通过解码器借助声学模型和语言模型分别完成语音到音节、音节到字的概率计算，同时借助发音词典完成相似度比较，相似度最高的为最终的识别结果（邵志明，2014）。

语音识别系统受到单位时间内信息量和信息密度的大小、语音的相似性和模糊性、说话方式如重音、音调、音量和讲话速度等，讲话人周边噪声、信息传输质量等因素的影响。

语音识别质量的提高途径，一是采用滤波器对原始语音进行降噪处理，以提高准确率和精确度；二是对信号进行加重、加窗等技术处理以凸显声学特征、规避语音边缘的影响。

二、研究方法

本节选取了学术、旅游、商务三大领域的文本进行了 AI 同传的语音识别错误分析。其中，术语识别基于 6 个领域的学术语篇来展开；学术领域语音识别准确率所选取分析的语篇包括法律、计算机和航空航天 3 个领域，用于语音识别的语篇长度平均为 61 句；商务领域选取分析的是产品展示语篇、谈判语篇和投资访谈语篇（记者就越南商机问题访谈越南总理），商务类语篇长度平均为 34 句；旅游领域选取分析的是签证语篇、订机票语篇、点菜语篇、海关语篇和武夷山导游介绍语篇，语篇长度平均为 37 句。旅游和商务文本均是对话的形式。相关研究采用质化分析和量化分析相结合的方式，量化分析采用的评测标准是正误率（即正确、错误句子数量与总句数的对比）。

三、研究结果

下面我们从量化和质化两个方面对 AI 同传在术语识别、学术类语篇、商务类语篇和旅游类语篇识别。

1. 量化分析

（1）术语语音识别结果

学术类语篇术语各个领域的平均正确识别率达到 68%，部分错误达到 11%，完全错误的为 21%。AI 系统术语识别各个领域差异较大。法律领域最好，计算机和心理学相对较好。结果显示如下。

表 5-13　学术类语篇语音识别术语正误率统计（单位：%）

	正确	部分正确	错误
生物	50	9	41
法律	93	0	7
航空航天	67	12	21
计算机	71	11	17
心理学	70	0	30
政经	55	36	9
平均	68	11	21

（2）学术类语篇语音识别结果

学术类语篇 6 个不同领域的文本，包括心理学、生物学、法律、航空航天、计算机和政经，语音识别准确状况如下。

表 5-14　学术类语篇各领域语音识别正误率统计（单位：%）

分类 / 领域	心理学	生物学	法律	航空航天	计算机	政经	平均
完全正确	12	18	38	27	10	26	22
部分识别准确	9	21	2	9	30	14	14
错误识别（含未识别）	39	21	22	24	20	25	25
总句数	60	60	62	60	60	65	61

学术类语篇的整体语音识别率完全正确的识别为 36%；部分识别准确的占比为 23%；错误识别占比为 41%。其中，法律相对较高，达 61%；其他领域均低于 40%。各领域的具体分布如下。

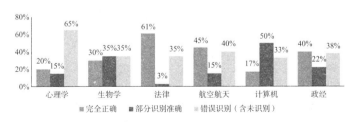

图 5-2　学术类语篇各领域语音识别正误比例统计

从得分率来看，学术类语篇的平均得分率为 47%，其中法律、航空航天、政经、生物、计算机接近或超过平均值，心理学识别准确率最低。

表 5-15　学术类语篇各领域单句语音识别平均得分率（单位：%）

分类 / 领域	心理学	生物学	法律	航空航天	计算机	政经	平均分
单句平均得分率	28	48	63	52	42	51	47

（3）商务类语篇语音识别结果

商务类语篇不同主题文本的语音识别率完全正确率达 66%；部分错误率为 17%；错误识别率为 18%。除价格谈判 2，由于特殊情况导致准确率底外，其他均在 66% 以上。各领域识别准确度相对较高，差异不大。

表 5-16　商务类语篇不同主题文本语音识别率统计（单位：%）

	产品展示	价格谈判 1	价格谈判 2	投资访谈 1	投资访谈 2	投资访谈 3	平均
正确率	72	72	43	69	66	72	66
部分准确率	28	20	7	16	6	22	17
错误率	0	9	50	16	29	6	18

（4）旅游类语篇语音识别结果

五个领域语篇的平均正确识别率达到 78%；错误识别率为 8%；部分准确识别率达到 11%。各类别正误分布如下。

表 5-17　旅游类语篇不同主题文本语音识别率统计（单位：%）

	问路篇	点菜篇	订机票篇	海关篇	景点篇	签证篇	平均
识别错误	0	38	2	5	3	7	3
部分识别准确	2	6	6	1	11	0	4
完全正确	33	1	31	33	21	24	28
句子个数	35	45	39	39	35	31	36

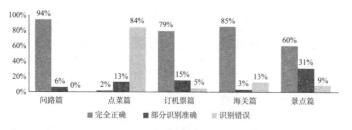

图 5-3　各领域识别正确错误率分布

（5）语音识别错误类型分析

法律文本原文总共 60 句，语音识别的突出问题为未识别（6 处）和类似音（4 处）以及同音异字（3 处），识别 0 分句共 15 句，其中 13 句导致翻译严重错误、无法理解，2 句为部分错误。计算机语篇表现有所不同，文本总量也为 60 句，其中突出问题为识别时添加字，或识别为不相关（28 处），类似音识别（18 处）。航空航天篇主要讲述的是航天材料，此篇文本特点为专业术语多，识别 0 分句为 24 句，未识别问题和同音异字是该文本的突出问题。

表 5-18　学术类语篇语音识别错误类型及数量统计

问题类型	法律	计算机	航空航天
断句错误	2	0	2
识别为类似音	4	18	3
未识别	6	4	14
同音异字	3	1	10
识别为不相关的	0	28	3

投资访谈 3 此篇文本特点类似于政府报告，句子较长。整体识别良好，出现识别问题主要是同音异字和断句。产品展示语篇条理清晰而且句子短，所以识别较好，错误类型比较分散，且多为小错误。商务谈判语篇主要的识别问题是类似音的识别。投资访谈 1 文本中谈的内容主要为经贸话题，数字出现的频繁且集中，突出问题是断句问题和百分比识别错误问题。

表 5-19　商务类语篇语音识别错误类型与数量统计

问题类型	产品展示	谈判 1	投资访谈 1	投资访谈 3
断句错误	2	0	3	3
识别为类似音影响语义	1	5	2	0
同音异字且影响语义	1	1	1	2
语义错误（都是"为"和"未"的识别问题）	1	0	0	1
备注	谈判 1 中，"贵方"识别错误 7 次；投资访谈 1 中百分比识别错误 5 处			

订机票篇的突出问题为同音异字和断句问题，识别问题都会造成翻译错误的现象，签证文本是对话，语句简短。识别率也很高，个别地方有识别错误。但是会存在小问题，比如语气词和性别词的识别。武夷山这篇文本有些旅游的介绍，同音异字的问题突出。

表5-20　旅游类语篇语音识别错误类型与数量统计

问题类型	订机票	海关	景点	签证	点菜
断句错误	3	5	1	2	7
同音异字且影响语义	4	0	10	0	3
识别为类似音	1	1	0	2	1

四、质化分析

此环节我们对不同类型语篇出现的语音识别错误分类举例说明。

1. 学术类语篇语音识别问题

（1）同音异字且影响语义

例48：从《民法总则》第111条的文义来看

识别：从《民法总则》第111条的文艺来看

例48的错误出现在将原文法律领域常用语"文义"转换为"条文的含义"，识别结果为"文艺"，意为："文学与艺术"。两者为同音异意词，识别结果中"文艺"一词更为常见，因此如果语音识别中没有考虑到法律条文这一语境的限制，便很容易在识别过程中出现错误，从而影响机器翻译译文质量。

例49："税收努力"识别为"数收入力"、原文"税收返还"识别为"税收访问"、原文"税收替代效应"识别为"数据收集的效应"等。

例49所列出的三个例子都是经济领域的专业术语，仅是对于"税收"一词，出现了三种不同的呈现结果，即"税收""数收"及"数据"这三种结果。而在语音识别过程中，由于某一专业领域的术语库不够完全，可能会导致完全识别不出术语，或是只能识别出术语的一部分，对于同一个术语出现几种识别结果等现象，会导致语音识别的错误。

（2）同音异字不影响语义

例50："个人外界无法识别且捉摸不定"识别为"个人外界无法识别

且琢磨不定"、原文"引起重视"识别为"领取重视"。

例 50 中，原文"捉摸"被识别为"琢磨"，"引起"被识别为"领取"。这两个例子皆可被视为"同音异字"现象。尽管识别结果同原文并不是完全相同，但是识别结果同原文的意义相似，或是结合上下文加上认知补充能够推测出原文意义。出现此类现象时尽管识别结果不是百分百正确，却不影响翻译及意义的理解与传达。

（3）同一个词出现多种识别结果

例 51："定义＋列举式"规定，第一次识别结果为"店一家列举式规定"；第二次识别结果为"定义加列举式规定"。

例 51 中，对于原文中同一个词"定义"，出现了两种识别结果："店一"及"定义"。第一次识别错误；第二次结果正确。

（4）类似音且影响语义

例 52："云计算"识别为"零一算"、"某类支出"识别为"牡蛎支出"、"删去"识别为"山区"、"税率"识别为"数据树立/树立"、"由上述现行法和司法解释可知"识别为"由上述陷阱法和司法解释可知"等。

例 52 中所举例子皆为识别结果同原文读音相似、但不是完全同音的情况。

（5）不识别或识别错误较多

例 53：连"不重要的"非隐私信息都给予保护，是否过犹不及？

识别：（无）

例 54：其中，系统安全主要研究网络空间中的单元计算系统的安全。

识别：中系统安全主要研究了人工智能的边缘计算系统安全。

例 55：镁合金一般热容小、凝固区间大，容易产生裂纹、充填不均匀、偏析和组织粗大等铸造缺陷，且难以生产大型、薄壁或者结构复杂的铸件。

识别：全部均匀偏西

三个例子都是识别中出现较大错误，甚至出现直接不能识别的现象。例 53 一整句都未识别。例 54 中将"网络空间中的单元计算系统"识别为"人工智能的边缘计算系统"，原文与识别结果相差较大。识别结果与原文有较大出入将会直接导致译文的误译，不能准确传递出原文意义。例 55 中既出现了不识别，又出现了识别错误。只对原文"充填不均匀、偏析"

这一部分进行识别，即"全部均匀偏西"，识别内容难以理解，且剩余部分全部不识别。识别的错误将会直接影响译文质量。

（6）断句错误

例56：我方非常感谢贵方公司为加强我们双方合作付出的努力。

识别：我方非常感谢贵方公司，为加强我们双方合作付出的努力。

部分断句虽然与原文有一定出入，但是不影响语义。如例56中，原文是"我方非常感谢贵方公司为加强我们双方合作付出的努力"，语音识别后中间多了一个逗号，将句子切分成两部分，尽管断句有出入，但是不影响原句的意义和翻译结果的理解。

例57：上述机电产品和高科技产品出口额虽然不大，但在对越出口商品中增速很快，是近期呈现的贸易增长点。

识别：上述机电产品和高科技产品出口额虽然不大，但在对越出口商品中，增速很快是近期呈现的贸易增长点。

例57中，原文主要意义是"出口额虽然不大，但增速很快，是新的贸易增长点"，语音识别为"增速很快是贸易增长点"，意群与原文有较大出入，且构成理解障碍，会影响翻译的准确性和可理解度。

例58：可见，与支配权全方位的利用和处置权能不同，人格权主要体现为一种消极性的防御权。

识别：可见，与支配权权方面的利用和处置。全能不同人格权主要体现为一种消极性的防御权。

有些断句，由于断句错误会影响到原有语义，导致识别结果错误和后续的翻译错误。如例58中"与……的利用和处置权能不同，人格权……"断句为"与……的利用和处置。全能不同人格权"。断句错误，且出现识别错误。识别结果断句错误直接导致原句的结构与意义改变，将会导致后续的翻译出现偏差，难以理解。

（7）人名、地名、国名等专有名词识别错误

AI语音识别有时不能准确辨别出专有名词，将专有名词识别成其他"同音词"，这都是识别错误的情况，直接造成翻译及信息传达的不准确。例如：人名"拉伦茨"识别为"大人次"、"梅迪库斯"识别为"媒体ku si"；地名"秘鲁"识别为"泌乳"、"智利"识别为"智力"、"摩洛哥"识别为"哥哥"等。

（8）识别时加字

例 59： 自适应性

识别： 自己适用性

例 60： 该混气系统

识别： 七、系统

例 61： 如图 2 所示

识别： 如图二所示金额

例 59 中将"自"自行补充为"自己"；例 60 出现识别结果混乱，"该混气系统"被识别为"七、系统"，同原文不相干；例 61 出现严重自行加字现象，"所示"被识别为"所示金额"。识别自行添加字，与原文不符，将会直接影响翻译的错误，翻译中将会多出原文中不存在的内容。

2. 商务类语篇语音识别问题

例文内容取自产品展示、商务对话、商务谈判等典型的商务类语篇。

（1）同音异字且影响语义

例 62： 两国有关银行可签订协议允许两国商人开设方便结算的越币或人民币帐户。

识别： 两国有关银行可签订协议，允许两国商人开设方便结算的粤 b 或人民币账户。

例 63： 另外，越南银行还为在边境从事旅游、娱乐休闲、宾馆酒楼、超市等经营业务的企业设立人民币兑换代理专柜。

识别： 另外，越南银行还未在边境从事旅游、娱乐休闲宾馆、酒楼、超市等经营业务的企业设立人民币兑换代理专柜。

例 64： 我方需要购买 10 万箱水。

识别： 我方需要购买 10 万香水。

在商务类语篇中同样出现了识别为"同音异字"且严重影响语义的情况。比如例 62 中"越币"（越南币）这一简称识别为"粤 b"（车牌），识别结果与原文差距大，且不符合商务语境。例 63 及例 64 都是由于单个关键字的错误而导致语义完全不同。例 63 "为"（给 / 供）而被识别为"未"（尚没有），例 64 中"10 万箱水"（水的数量）却被识别为"十万香水"。仅仅因为一个字的识别错误翻译时整句话出现与原文截然相反的意义，信息传递错误。

（2）识别结果同原文发音类似

例 65：商务谈判篇中"贵方"一词在原文出现 12 次，出错 7 次，其中"桂芳"出现 3 次，"桂峰"出现 1 次，而"规范"出现 2 次，"官方"为 1 次。商业对话题材原文中出现了 6 次"参赞"，有 4 次识别正确，2 次错误识别为"参战"。

识别过程中常会出现识别为其他类似发音的词汇。正如例 65 中所统计显示，当同一词在文本中重复出现时，既会出现正确的识别结果，又同时存在错误的识别结果，而且可能错误识别结果五花八门。

（3）百分比识别错误

例 66：2006 年越南经济增长率可望达到 7.1%。

识别：2006 年越南经济增长率可望达到 7%。

对于机器翻译而言，数字百分比等几乎很少出错，但是在 AI 语音识别中却会出现数字的识别错误问题，从而又影响了机器翻译译问质量。正如例 66 所示，百分比 7.1% 被错误识别为 7%。

（4）断句问题

例 67：例如这个游戏就是日本最畅销的游戏，很多白领都喜欢。任何一种高科技玩具在市场中反响都很好。

识别：例如这个游戏就是日本最畅销的游戏。很多白领都喜欢任何一种高科技玩具，在市场中反响都很好。

例 68：自 1987 年越共"六大"确立"2020 年基本实现工业化、现代化"的目标和革新开放路线后，近年来越南经济实现连续快速增长。

识别：自 1987 年越共六大确立 2020 年基本实现工业化现代化的目标和革新。开放路线后，近年来越南经济实现连续快速增长。

例 69：使馆商务处官员由我国贸易部派出，其主要职能是促进越中两国经贸合作。

识别：使馆商务处官员由我国贸易……不排除其主要职能是促进越中两国经贸合作。

断句问题不论在机器翻译或是 AI 语音识别中都较为常见。将本不相干的两部分合并为一个整体，如例 67 中原文"……很多白领都喜欢。任何一种高科技玩具……"这两句中的内容被识别为一句:"很多白领都喜欢任何一种高科技玩具",断句错误导致意义上的偏差。或是将一个完整的意群断开成不相干的两部分,如例 68 中"革新开放路线"被识别为"……革新。开放路线后……",例 69 中"贸易部派出"被识别为"……贸易。不排除……"。这些断句错误导致严重意义偏差,导致翻译的错误。

3. 旅游类文本语音识别问题

旅游文本相较于上述两种类型的题材,语言更为口语化,灵活多变。用于语言识别的语篇涵盖订机票、点菜、海关、签证、景点介绍等主题。

（1）识别为同音异义字

例 70: 包括税吗?

识别: 包括睡吗?

例 71: 笋是竹子。

识别: 损失竹子。

如果原文承载主要信息的关键词被识别错误的话,即便只有一字之差,也将直接影响后续的翻译结果,导致误译。例 70 中"包括税"被识别为"包括睡"、例 71 中"笋是"被识别为"损失",识别结果与原文意义出入很大,将会直接导致译文意义出入。

（2）未识别现象

例 72: 要不麻婆豆腐吧。

识别: 婆豆腐八。

例子中出现部分信息未识别现象,同时又导致已识别信息错误。原文"麻婆豆腐吧"被识别为"婆豆腐八"。对于旅游文本中出现的文化负载词及菜名等的识别也需要在日后经过多加练习后不断加强。

（3）断句错误

例 73: 对吗,先生?

识别: 对,马先生。

例 74: 服务生:好的。麻婆豆腐是辣的。

识别: 好的麻婆豆腐是辣的。

例 75:（查尔斯:）不是,我们公司是生产照相机的。

识别: 不是我们公司是生产照相机的。

对话性质的文本给旅游类文本带来巨大困难。比如，两个对话角色一般很难区分、会出现断句问题等。例 73"对吗，先生"被识别为"对，马先生"，从疑问句变为了陈述句且直接改变了先生的姓氏这一信息。例 74 及例 75 断句错误，将两句话整合为一句话，省去了中间的逗号，在此情境下将会直接导致翻译结果出现歧义及反义等。例 74 识别结果"好的麻婆豆腐是辣的"意指"仅有好的麻婆豆腐是辣的"，不符合原文意义。例 75 识别结果"不是我们公司是生产照相机的"意指"公司不是生产照相机的"，其意义与原文截然相反。

（4）日期和数字识别错误

例 76：我们有周一 802 次航班。

识别：我们有周 1802 次航班。

旅游文本涉及领域很广，文本内容也很丰富多变，其中出现的日期与时间也常出现识别错误。如例 76 中，"周一 802 次"被识别为"周 1802 次"，数字叠加在一起时，仅简单识别为阿拉伯数字并不准确，最后传递出的信息也是有误的。

（5）识别为类似音

识别中经常出现识别结果与原文为类似音，但是结果完全不同。下面所给出的 3 个例子都是识别结果与原文差别大、没有准确识别的现象。中文中同音异形的情况非常常见，却给 AI 语音识别带来一个很大的障碍。

例 77：西湖醋鱼

识别：几乎处于

例 78：蛋挞

识别：但它

例 79：古迹顾问

识别：国际顾问

通过本节研究，我们发现从 AI 语音识别的准确性来看，术语识别的准确率均值为 68%，法律领域最好，计算机和心理学相对较好；AI 同传中旅游领域识别准确率均值可达 79%，能基本满足交际的需要；商务领域均值可达 68%，能基本满足交流需要；在学术类语篇的正确识别率均值仅有37%，不能满足实际需要。

通过分析不同领域的语篇，发现即便同一领域的语篇语音识别错误突出问题也不尽相同，因为不同的文本有自己的语言特点。所以，语音识别面临如何正确选择该语境下应使用的词汇的情况。这就要求语音识别能够依据文本内容或上下文进行选字、选词。比如，航空航天的"坩埚"机器会被识别为"干锅"，还有学术论文中常用的字眼"论文几十余篇"中的"余篇"二字机器会被识别为"鱼片"，论文的"第六节"被识别为"第六届"；商务文本中出现的礼貌称呼在识别时也会出现时而准确时而不准确的问题，如："贵方"被识别为"桂芳"；旅游文本将"岩茶"识别为严查，这些词汇都是与其文本有很大关联关系的词。当然，有时候因为文本自身的语言特点，会表现出其他的突出性问题，比如计算机语篇的突出问题就是识别为不相关的字。

语音识别错误会严重影响 AI 同传的译文质量。本研究中，三类不同类型的语篇因同音同调、同音不同调、断句错误、识别错误所导致的中文识别错误造成不可理解甚至荒唐的译文达 18 句。但也存在个别中文识别错误，但英文翻译正确的个例，主要是识别错误不严重、不影响意义的断句问题或非关键词识别错误的情况下，如在"我方实在无法接受……"句中将"实在"识别成"是在"、将"我发很高兴贵方公司能做出让步"中的"贵方"识别为"规范"，译文直接将上述问题过滤掉。对于识别严重错误的句子存在漏译的现象。

造成机器语音识别错误的外在因素可能有：朗读者发音不准确；网速不理想导致很多内容来不及识别；文本选择或情景选择；语速问题；读法与书写情况并不一致的情况，如 LC3-I 读作"一型 LC3"。断句中出现问题，这可能与翻译引擎的设置、发言人的语音、语气、语调和语速有关。

当信息密集时，识别难度会加大，出现识别卡顿或变慢的现象，出现识别错误和未识别的问题会增多，数字密集出现时，容易无法正确识别数字。所以面对信息量过大时，如何提高识别的准确度、保持识别的流畅度也是 AI 同传语音识别会面临的现实问题。

语音模型受限也是导致语音识别错误的原因之一。科技类语篇中特殊表达居多，日常用语语言灵活使用，对话过程中人与人之间的衔接界限模糊。这些都会造成语音识别结果的错误。

语音识别最终是为了达到交际的目的。所以，真实交际情境下，还会存在性别、人名的翻译问题，比如如何翻译讲话人提到的"它""他"或"她"等。

第六节　AI 同传译文质量评估

在 AI 同传现有技术条件下，AI 同传的译文质量主要受语音识别和机器翻译质量的影响。此研究旨在探究语音识别在多大程度上影响到 AI 同传的译文质量，研究以中文语篇的英译为依托来展开。

一、研究现状

在学界，林小木（2013）进行了计算机辅助英译汉口译的实证研究。实验目的在于验证计算机辅助口译需要在语音识别准确率达到多少时超过传统形式的口译起到辅助作用；验证语音识别与翻译速度对译员口译效果的影响；验证屏幕显示不同语种对译员口译效果的影响；验证屏幕显示全文或关键词对译员翻译的影响。试验中涉及的变量包括：语音识别率、机器翻译速度的延迟显示时间、中英文的显示方式（同步显示还是仅仅显示中文或英文）、关键词显示方式（数字、人名、地名如何显示）。研究结果显示，计算机辅助系统的语言识别率至少要达到 80% 左右才会起到帮助作用；屏幕显示与话音的时间差应尽量维持在 3~4 秒；单语或双语显示根据译员习惯自由设定；关键词显示内容和显示全文由译员自由设定，关键词词库可以由译员升级、关键词显示多少可以由译员根据自己的情况设定；计算机辅助口译系统应与译员笔记相结合。

在业界，科大讯飞在机器翻译的应用上一直在探求"人机耦合"的形式。此模式旨在借助语音识别技术，转写译员口译内容并在会场大屏呈现。科大讯飞的"听见智能会议系统"就是通过语音识别技术实现会议内容的实时转写，包括将同传译员的声音投放到屏幕上，让听众在听声音和看屏幕做出选择。（郜阳，2018）

此外，科大讯飞也在力求将语音识别、机器翻译技术应用在"辅助译员提升完整度和精确度、降低短期记忆负荷"的层面。上海外国语大学高级翻译学院与科大讯飞建立联合实验室，意在联合开发一款名为"口译助手"的口译员辅助工具。课题组经过一年的研究完成了需求研究、软件开发、译员实验、产品改进和试用。经过 54 轮对比实验，课题组研究发现，以专有名词为主的"口译信息完整度从 88% 提升到 97%"，调查问卷显示口译员"工作压力下降 20%"。鉴于同传过程中译员精力的高度集中，口译助手在不干扰译员的情况下被放入同传箱，通过点亮关键词、加粗等形式，备译员需要时选择性使用。（郜阳，2018）

现有的 AI 同传（或口语机器翻译）所采用的模型包括基线模型（Baseline

Model）和端到端模型（End-to-End Model）。传统基线模型中，输入语音先通过语音识别系统得到语音识别结果，之后将结果送入机器翻译系统获得译文，市场上商用机器同传、翻译机等语音翻译类产品几乎都采用了类似的方法，但实际应用中由于复杂环境下语音识别错误的存在，导致误差扩散影响最终语音翻译性能。端到端模型（End-to-End Model）方案，是基于神经网络强大的建模能力，输入语音直接输出目标译文。（科大讯飞，2018）

科大讯飞参加 2018 年 IWSLT 评测的语音翻译任务，尝试采用端到端的模型。科大讯飞在传统的基线模型中，提出了"对源语言文本逆变换以适配识别风格"的方法，试图解决"语音识别文本结果和机器翻译训练数据源语言文本风格不匹配问题"。在端到端模型中，提出了"基于 DenseNet 和 BiLSTM 编码"以及"基于自注意力机制解码的端到端建模方案"。实验结果表明，目前端到端模型的效果低于传统方法（科大讯飞，2018）。

对于 AI 同传而言，语音数据的总时长和翻译平行句对的数量级对译文质量具有绝对性的作用。端对端的模型需要双语标注的语音数据，语音平行语料的数量级对翻译质量至关重要，这些语料的搜集更困难、成本更高。（TechWeb，2018）

根据环球网百家号（2018）对腾讯 2018 博鳌论坛的报道，腾讯 AI 同传也系统展示了自己的"完整 AI 同传解决方案"。腾讯智能翻译自主研发的神经网络机器翻译技术能够从海量语料库中自主训练学习，将整个句子视作翻译的基本单元，让译文更准确、更自然，更符合各个国家的语言习惯。腾讯 AI 同传在去口语化、智能断句等体验上表现尤为优异，翻译准确性、流畅度再创新高。腾讯翻译君还针对进博会参会企业的垂直领域、各国的语言特征进行了专项优化训练，以达到更好的翻译效果。腾讯智能翻译部分领域达到业界领先水平，翻译可接受度达 93% 以上。

用 AI 同传和机器翻译译文质量评估作为关键词搜索知网，能查找到的相关文献几近为零。结合上述分析，可以发现，在 AI 同传的研究和应用上，业界在引导学界，学界的关注度和研究水平远远低于业界。但是，业界由于缺乏对同传实践和同传理论的认识，加上一些技术瓶颈，导致现有的 AI 同传水平相对较低。再辅之以同声传译对翻译质量要求非常高，导致会议口译行业对现有的 AI 同传认可和接受度非常低。鉴于如上问题，AI 同传的研究和应用开始呈现学界（包括部分同传从业者）和业界合作融合的局面。

AI 同传的译文质量到底处于怎样的水平？在 CAIT 系统的研发上 AI 同传是否具备一定的应用价值和应用可能？这是此部分研究拟予以关注和解答的问题。

二、研究方法

1. 研究目的

此研究的目的在于测评中译外过程中的 AI 同传语音识别率、AI 同传术语翻译质量以及学术类、商务类、旅游类语篇 AI 同传译文质量。

2. 实验设备

测评模拟真实的讲话环境，所采用的实验设备和实验环境包括：Focusrite 6I6 声卡、iSKBM-800 电容麦克风、联想 Thinkpad（i7）笔记本电脑、宽带接入、AI 同传系统。

3. 实验材料

学术类语篇采用第三节相同的中文语篇，对语篇中个别句子做口语化处理。在术语评测环节，各个领域语篇的长度控制以术语个数为准（30 个术语上下），单个语篇平均包含的术语个数为 34 个左右；在译文可接受度测评层面，语篇长度按照所包含的单句个数来确定，控制在 60 句上下。

商务类语篇（中文）包括产品展示、价格谈判和越南投资三个主题，按照文本长度切分成 6 个等长的短文本。所筛选的商务语篇特点是：术语不太多、专业性较强、介于书面语和口语之间。商务类语篇单个语篇的长度控制在 35 句上下，平均句长为 34 句。

旅游类语篇（中文）按照主题来筛选，涉及订机票、景点介绍、海关、点菜、签证、问路等，文本长度统一控制。此类语篇特点是口语特征明显、题材多样化。单个语篇的长度为 35 句上下，语篇平均句长为 37.5 句。

术语和译文可接受度均按照完全正确/完全可接受（10 分）、部分正确/可接受（5 分）和错误/不可接受（0 分）的标准来评判。

4. 实验步骤

（1）前测

围绕机读与人读是否会影响语音识别质量、AI 同传在识别准确的前提下是否与机器翻译译文有差异两个问题进行试探性测试。

第一个问题，测试发现，不管是人读还是机读，AI 同传软件在断句的处理上都存在问题，人读和机读在准确率上并没有太大的差别。为更接近 AI 同传的工作环境，最终确定采用人读来展开试验。

第二个问题的测试结果是：两种方式输出的译文相似度极高，术语、核心词完全相同，仅仅会由于识别问题造成译文不一致，谓语上存在部分形式变化，如主动变被动、动词变成动名词等。

（2）文本熟悉和朗读训练

要求学生熟悉语篇，进行试阅读，对文本和语篇进行口语化处理；学生需要结合语篇特点设想不同语篇的交际情景，以学术演讲、双人对话、多人对话等形式准备讲话内容，学生需要尽可能进行角色模仿，结合自己的讲话特点，采用合适的语气、口气和断句，扮演口译过程中讲话人的角色。

（3）情景模拟讲话并录音、AI 同传输出结果

借助试验设备在没有噪音的实验室中，通过单人、双人或多人的形式模拟不同语篇的交际情景，借助 AI 同传系统输出结果，并对源语同步录音。

三、测评结果

考虑到机器翻译引擎的更新速度，相关测试要求在同一时间点进行。

（1）AI 同传术语翻译准确率对比

AI 同传的术语翻译准确率平均可达 51%，相对于机器翻译 69% 的均值，存在较大的差距。各领域的术语翻译准确率分布及其对比如下。

表 5-21　AI 同传术语翻译准确率统计及其对比（单位：%）

领域 / 引擎	AI 同传	机器翻译
法律	41	55
航空航天	62	80
计算机	57	72
生物科技	41	91
心理学	56	66
政经	48	51
平均	51	69

我们将与标准术语翻译存在部分差异，但是不影响理解的术语归为部分错误术语，这部分术语原则上是可用的。加上这部分术语所占的比例，AI 同传准确和基本准确传达术语概念的占比达到 60%；机器翻译可达 84%。

表 5-22　AI 同传与机器翻译术语翻译部分错误率统计（单位：%）

领域 / 引擎	AI 同传	机器翻译
法律	9	32
航空航天	2	10
计算机	9	17
生物科技	9	3
心理学	7	11
平均	9	15

六大学术类语篇人文与科技领域的术语翻译质量对比显示，人文领域 AI 同传术语翻译可使用率为 59%（含正确和部分正确两部分），机器翻译可使用率达 85%；AI 同传科技领域术语的可使用率为 60%，机器翻译达 91%。整体来看，机器翻译的借鉴价值很大，AI 同传受到识别的影响参考价值相对较差。

表 5-23　机器翻译与 AI 同传人文与科技语篇术语翻译准确率对比（单位：%）

分类 / 引擎	AI 同传（人文）	机器翻译（人文）	AI 同传（科技）	机器翻译（科技）
正确率	48	57	53	81
部分正确率	11	28	7	10
错误率	40	15	40	9

（2）AI 同传译文可理解度测评

AI 同传译文可理解度测评的基础数据如下。

表 5-24　AI 同传学术类语篇译文可理解度测评基础数据

分类 / 领域	航空	生物	法律	计算机	心理学	政经
可理解	27	6	27	11	6	28
部分可理解	10	19	8	22	15	14
不可理解	23	34	27	27	39	28
得分	320	155	310	220	135	350
总句数	60	59	62	60	60	70
总分	600	590	620	600	600	700

学术类语篇 AI 同传各领域的可理解率量化分析显示，各领域的平均可理解率为 28%；部分可理解率因均为有重大缺陷的句子，不具备参考价值；各领域平均不可理解率为 48%，占据近半数。AI 同传各领域之间的可理解率差异很大，航空航天、法律、政经领域较好，均达 40% 以上，而计算机、生物、心理学三个领域介于 10%~20% 之间，各分领域的得分率分布与这一趋势相同；人文领域均值为 25%，科学领域均值为 31%，且领域内差异很大。

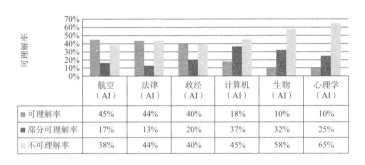

可理解率	航空（AI）	法律（AI）	政经（AI）	计算机（AI）	生物（AI）	心理学（AI）
■ 可理解率	45%	44%	40%	18%	10%	10%
■ 部分可理解率	17%	13%	20%	37%	32%	25%
不可理解率	38%	44%	40%	45%	58%	65%

图 5-4　学术类语篇 AI 同传译文各领域可理解率统计

商务类语篇 AI 同传的整体可理解率能达到 56%，机器翻译可达到 79%。三个不同主题的文本中，产品展示的可理解率在 72%，基本能满足交际需求；价格谈判可理解率平均为 61%，译文质量较差；越南投资平均 47%，译文质量很差且分布不太均匀，可能由个别典型的错误翻译现象导致。

表 5-25　AI 同传商务类语篇译文可理解度测评基础数据

分类 / 领域	产品展示	价格谈判 1	价格谈判 2	越南投资 1	越南投资 2	越南投资 3	平均
可理解	21	33	21	22	12	7	19
部分可理解	5	10	2	6	5	9	6
不可理解	3	3	19	4	18	2	8
总数	29	46	42	32	35	18	34

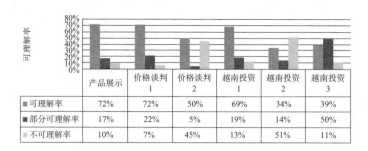

	产品展示	价格谈判 1	价格谈判 2	越南投资 1	越南投资 2	越南投资 3
■ 可理解率	72%	72%	50%	69%	34%	39%
■ 部分可理解率	17%	22%	5%	19%	14%	50%
▨ 不可理解率	10%	7%	45%	13%	51%	11%

图 5-5　商务类语篇 AI 同传文本各主题可理解率统计

旅游类语篇 AI 同传的整体可理解率能达到 68%，机器翻译可达到 89%，两者差距比较大。问路篇和签证篇的可理解率达到 80% 以上，能满足基本的交际需求；海关篇可理解率达 74%，也能满足交际的基本需求；订机票、点菜和景点介绍的可理解率 50%~60%，质量差，有待提升空间很大。

表 5-26　AI 同传旅游类语篇译文可理解度测评基础数据

	问路篇	点菜篇	签证篇	订机票	海关篇	景点篇
可理解	29	27	25	24	29	18
部分可理解	3	9	0	4	2	7
不可理解	3	9	6	11	8	10
总数	35	45	31	39	39	35

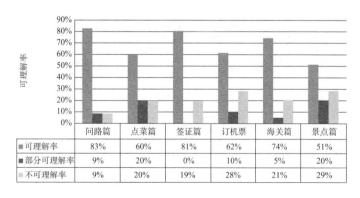

	问路篇	点菜篇	签证篇	订机票	海关篇	景点篇
■ 可理解率	83%	60%	81%	62%	74%	51%
■ 部分可理解率	9%	20%	0%	10%	5%	20%
▨ 不可理解率	9%	20%	19%	28%	21%	29%

图 5-6　旅游类语篇 AI 同传文本各主题可理解率统计

本节研究发现，在 AI 术语识别层面，AI 同传术语的识别准确率决定 AI 同传术语翻译的准确率。AI 同传学术类语篇术语的正确识别率均值可达到 68%，各个领域识别率差异较大，法律（突出）、计算机、心理学、航空航天在 70% 以上能满足交际需要，AI 同传的术语翻译准确率均值达 56%，各个领域差距较大，法律（突出）、航空航天、计算机、心理在 60% 上下，有一定的参考价值，但距离满足交际的实际需要还有较大的距离，生物、政经很差，有较大的提升空间。

关于 AI 同传的译文质量，测评发现，学术类语篇 AI 同传的可理解度在航空航天、法律、政经三个领域均值在 43%，不能满足交流的需要；在计算机、生物、心理等领域可理解度均值仅达 13%，差距甚远。旅游类语篇 AI 同传的可理解率均值在 68%，各领域存在一定差距，整体来看，能基本达到辅助交流的目的。商务领域 AI 同传的可理解度均值达 57%，能基本满足一定环境下商务交际的需要，但还不能满足对精准度要求高的某些商务活动。

此研究中存在如下几个方面的问题与不足：人工打分标准存在一定的人为、个体差异；语音识别依托文本展开，与真实的口语环境存在差距；语音识别的效果存在个体差异；语料分析的数量级较小。

第七节　机器翻译应用情景研究

机器翻译在现有的译文质量基础之上能满足哪些领域、哪些人群的需求？具体可以应用到哪些具体的情景当中？应用方式具体有哪些？应该进行怎样的功能设计？这是此节关注和研究的问题。

从应用行业或应用领域来看，机器翻译可以用在政治、经济、文化、外交、军事、企事业单位等各个方面，以满足教师、学生、作家、商人、运动员、医生、记者、政府官员、外交官、军人、游客、空乘、服务员等不同群体在不同情景下的需求，如教学（外语音频朗读、学生语言素质训练等）、交谈、旅游、购物、教育教学、商务谈判、学术交流、公共演讲等。

从翻译类型来看，涉及文献资料翻译、论文期刊翻译、影像资料翻译、字幕翻译、外宣翻译、新闻翻译、法律翻译、商务翻译、文化翻译、旅游翻译、文化会展翻译、社区口译、谈判口译、会议口译等。

在政治领域，可以借助机器翻译来监测外媒，做好舆情监控；也可以借助机器翻译开展国别区域研究，对于缺少语言人才的语种进行信息搜集检索。在经济领域，可以借助 AI 同传服务于旅游、购物、商务谈判等不同情景；旅行前，可以借助机器翻译了解当地的旅游资源和旅游攻略；旅行过程中，可以借助 AI 同传来完成问路或者听取经典介绍等。在文化领域，可以对没有字母的影视剧或者视频资源进行同步的语音识别或者二语转换辅助理解，也可以在音视频翻译过程中进行预翻译，提高翻译效率；对于有地方语音或者语速比较快的特殊情况，可以借助语音识别提高辅助理解，提高翻译的准确性。在军事、外交领域，AI 同传可以协助联合国维和部队与当地民众的沟通、情报搜集、信息监听甚至非正式场合的会晤。在教育领域，进行学术交流、多语言教学、公共演讲时，可以借助 AI 同传来提升交际效果，也可以借助机器翻译的基础之上开展译后编辑，提升学生的翻译效率。在游戏领域，可以通过安装机器翻译或者 AI 同传插件的形式，帮助不同语言的玩家更有效的沟通，这样也可以避免对游戏进行本地化，从而降低成本。

AI 同传可以通过社区口译的形式服务于不同性质的企、事业单位，提升社区的国际化和人性化水平，如海关、出入境管理局、公安部门（办理外国人居留许可证）、人力资源和社会保证部（办理外国人就业证）、学校（国际交流处、留学生管理办公室等）等。

机器翻译和 AI 同传的应用形式上需要多元化，具体形式可以包括翻译机、PC 端或者手机端离线抑或在线 APP、在线翻译引擎、插件（在不同软件平台安装插件、设置功能即可使用）、辅助翻译平台等。

不同的翻译应用也需要考虑适应不同的媒介形式和不同载体，如不同格式的图像、音、视频识别，PPT 文档、WORD 文档、PDF 文档、图片、音频、视频等，软件要有很强的适应性，以满足人类人性化的需求为出发点。机器翻译的翻译领域应包括电子邮件、文献资料、产品说明书、景点介绍等。

机器翻译的应用还要考虑除了机器翻译之外不同的功能需求，比如语言学习中的语音辅助、生词辅助（需要关键词、生词提取，依托例句和上下文），还需要考虑用户不同使用目的时不同的输出形式，如翻译狗在不改变幻灯片格式的前提进行文档翻译。

迄今为止，市面上主要搜索引擎支持的附带功能统计如下。

表 5-27　市场上主流翻译引擎所具备的功能统计

	谷歌翻译	腾讯翻译	有道翻译	百度翻译	Tmxmall	灵格斯
多语种翻译	√	√	√	√		√
文档输入	√		√		√	
译文朗读	√	√		√		√
多个翻译结果			√	√		
关键词提取			√			
篇章翻译	√		√			√
屏幕取词				√		

　　除上述功能外，在文档输入环节个别引擎支持拍照、语音识别；在屏幕取词环节，个别引擎支持划词翻译。有的引擎拓展了 AI 同传功能，并支持建立自己的术语库和翻译记忆库等功能。

　　机器翻译引擎应具备强大的多媒体交互功能，以适应不同交互情景下的多媒体输入形式，交互功能应该由使用机器翻译的用途来决定。现有机器翻译和其他辅助平台的所支持的交互功能统计如下。

表 5-28　市场上主流翻译引擎的多媒体交互功能统计

翻译引擎	输入形式						其他
	文字	语音	网址	图片	文档	手写	
百度翻译	√		√	√	√		可朗读原文和译文；下方显示重点词汇；译文可显示汉语拼音
Google翻译	√	√			√	√	可朗读原文和译文；朗读时有暂停按钮但再点会从头开始；原、译文可显示汉语拼音
有道翻译	√		√		√		
翻译君	√						汉语可以，英语显示发音服务错误
Transmart	√						下方显示词汇，点击词汇可查看例句；选中任意词组，可查看释义；可修改译文

市面上现有的 AI 同传性质的软件包括微软翻译 APP、讯飞听见、翻译君 AI 同传、搜狗同传、联想同传、随身译 APP（广告多，免广告收费，适合旅游）。同传类的产品可以适用于不同的口译交际情景，如商务、外交、旅游、产品发布会、见面会、谈判、问路、点菜等。

微信智聆致力于语音识别、语音合成、声纹认证等语音技术领域。在手机输入法场景下的中文语音识别正确率已经达到 97%。微信智聆现已向各行业开放的语音 AI 解决方案拓展了智能手机、智能硬件、公检法、教育课堂、音视频转写等 5 大应用场景。腾讯 AI 同传的定位之一在于为政府部门、国内外企业部署智能会议室。AI 同传还能针对会议场景构建全新的腾讯同传会议服务解决方案，为大型会议提供全流程、多终端的 AI 同传服务，从现场投屏、移动端回放到语音播报、会议纪要输出等方面形成专业的会议同传闭环。（百家号，2018）

在应用情景的开发上，有道智云开发比较到位，为政府和企业提供的 AI 服务比较全面。其官方网站展示的行业案例涵盖社交、教学、生活服务、阅读、购物理财等各个方面（参看随附列表）。

表 5-29　有道智云企业服务行业案例

功能分类	应用方式
聊天社交	有道同传；对微信消息的翻译；对腾讯微博的翻译；网易邮箱：帮助邮箱用户轻松阅读外文邮件
学习教育	有道翻译（OCR 识别文字）；有道翻译君
生活服务	美团点评；360 浏览器：翻译当前网页，或者选中网页中的一段内容进行文本翻译
阅读资讯	掌阅：当用户进行外文阅读时，点击某一词语或句子，显示词语的中文释义；TopBuzz（头条海外版）
智能硬件	三星：语音助手；网易有道翻译蛋：自主研发的智能语言翻译机；深圳奇译果：主打产品"奇译笔"采用人体工学设计，具备实时翻译功能；华为荣耀 Magic 手机：比如翻译短信
购物理财	支付宝

信息来源：http://ai.youdao.com/anli.s

应用情景是机器翻译引擎市场定位、发挥市场价值的关键环节。有道智云的应用情景的开发上也相对比较到位，其翻译类产品主要应用领域涵盖文档智能审校、辅助翻译、跨境商务、舆情监控、智能音视频翻译、文档翻译不同层面。详情参看下表。

表 5-30　有道智云应用情景与功能描述

应用情景	功能描述
文档智能审校	实现大量文档的电子化，满足严格校对和高准确率的需求，采用文档智能校验系统可实现中文 99.99% 识别率。
辅助翻译	从语料的获取到加工，从翻译引擎的定制到持续优化，一站式提供定制领域辅助翻译解决方案，提高翻译的精准度。
跨境商务	一带一路背景下的商会、展览会、证券交易所的资讯需要即时且精准翻译，人机翻译解决方案可满足跨境商务需求。
舆情监控	将大量外语咨讯自动翻译成中文，同时还能监控用户指定的关键信息。
智能音、视频翻译	基于智能语音和自然语言翻译技术，提供语音翻译、影视作品字幕翻译功能，满足影视聚集、在线课程和直播会议等各场景下的需求。
文档翻译	支持实现常见格式的文档解析和结构识别，同时对图片、表格、公式进行语义组段和提取特定信息，轻松翻译海量文档。

信息来源：http://ai.youdao.com/enterprise-service.s

第八节　机器翻译人机交互界面研究

机器翻译和 AI 同传的人工交互界面需要根据不同的应用情景来设计，应该开发不同的功能模块，允许用户根据自己的需求进行定制。理想的交互模式是用户结合自己的需求和预期到达的交互效果以及自己学习和认知习惯，在输入和输出模式上来自行定制。

理想的机器翻译人机交互界面应该是多模态的。多模态交互方式是模拟人与人之间的交互方式，通过文字、语音、视觉、动作、环境等多种方式进行人机交互。不同的媒介形式代表不同的应用情景，交互方式的多样性体现机器翻译人机交互界面的人性化程度。

一、现有主流机器翻译和 AI 同传的交互模式

翻译君在交互上涵盖即时翻译、查看数据历史记录、编辑语句，还有生词学习和口语训练、拍照翻译，而且也包含分类的生活常用语。

关于 AI 同传，以 2018 年博鳌亚洲论坛为例，腾讯 AI 同传冠以"首个创新性，完整 AI 同传解决方案"亮相博鳌，其 AI 服务覆盖到了会议现

场投屏、小程序查看、语音收听、会议纪要回放等多个渠道。会议期间，腾讯同传还开放了一个小程序，让现场观众不断利用微信小程序对嘉宾演讲的双语同传内容进行回看、收听和记录。（环球网，2018）

科大讯飞智能会议系统主要提供两种解决方案：一种是离线翻译，现场全自动翻译并同步展示在屏幕上，没有任何人工同传参与。比如，在世界人工智能大会上马云、马化腾、李彦宏、雷军等人的发言，科大讯飞都是用的这套方案。另一种是仅提供会议转写上屏服务，比如这次的 2018 创新与新兴产业发展国际会议。主办方考虑到大会的专业技术背景以及参会者来自不同国家、不同口音等情况，专门配备了专业同传译员。科大讯飞应主办方要求仅需提供语音识别技术，直接转写译员翻译结果并在会场大屏呈现，同时应主办方邀约，在直播中合成识别结果，展示科大讯飞语音合成技术。（克雷格，2018）

讯飞听见[1]是科大讯飞的语音识别 APP。其交互界面可进行的操作包括：语音即时翻译，文档翻译；录音整理，转文字；录音文件的语音转文字功能支持中英文，提供机器转和人工转，需付费。此 APP 的优点是语音识别速度和翻译速度快、页面简洁，适合大段音频转文档；缺点是不能保存即时翻译的语句。

微软翻译[2]交互页面可进行的操作包括：文本翻译成 60 多种语言，可在线或离线使用；支持拍照翻译；保存历史记录，方便语言学习；可以多人、多语言面对面会话，每个人可以使用自己的语言；标注最常用的译文、便于以后使用；可以延展到 apple watch 和 safari 网页中使用；常用语手册。其优点在于拍照翻译支持的语种多；缺点在于语音识别和翻译精确度还有待提高。

随身译[3]的交互页面可进行的操作包括：语音输入；即时翻译；支持 35 种语言翻译；可以切换全屏超大字体，并且可以自行调节字体大小；根据旅游商务生活等分类型设置了常用语；可以自己调节语速；可以保存交流的语句，方便学习者复习回顾；可以取词翻译并且朗读。其优点在于字体可调节，缺点是有插入广告。

---

1 信息来源：讯飞听见，https://www.iflyrec.com/，检索日期：2019 年 2 月。

2 信息来源：微软翻译，https://www.microsoft.com/zh-cn/translator/apps/features/，检索日期：2019 年 3 月。

3 信息来源：讯飞都有哪些软件，https://www.game234.com/syzx/20190223/593786/.html，检索日期：2019 年 3 月。

二、语音输入和输出的场景以及相应的交互界面

现有机器翻译界面设置有语音功能，可以对多种语言进行文字与语音之间的转换，除机器翻译中嵌入的语音功能外，现有主要的语音技术有Google Assistant、亚马逊的 Alexa、微软 Cortana、Facebook ParlAI 和 PC IBM ViaVoice 等。PC IBM ViaVoice 的中文识别准确率达到 95% 以上，还能识别多种方言，每分钟输入 150 字。利用机器翻译和语音识别软件的这种功能可以实现多种模式的应用，如会议记录、采访记录、语音文字誊写转换、词汇语音或语篇阅读学习（帮助矫正发音、听写等）。讯飞听见就是类似软件，目前上述领域的应用相对比较成熟。

输出模式的多模态尤其是在文字与语音之间的转换也可以让机器翻译更加人性化地适应不同的情景。在文字的输出过程中，可以设置文字大小、单双语、原文与译文的交互方式等，包括文字的呈现方式如左右分屏、回看、单句亦或意群输出、持续时长等均可设置为可调节的变量；在语音输出过程中，可以借助整个会场的攻防和音响系统，也可以借助单人配置的耳麦等形式。

交互过程除专门配备的设备外，还需考虑到与听众能支配的设备的融合和交互，考虑到远程云服务平台、网络介入、APP 之间的交互互动。如微软 Presentation Translator 插件可以为正在播放的 PPT 提供实时字幕，配合手机上的"微软翻译"APP 可以收听机器合成的多个国家语言的译文语音。

交互过程过程中需要考虑不同的人群，尤其是特殊人群。如聋、哑人，可以借助语音识别功能帮助聋人把别人说的话即时生成文字，帮助哑人把他们的文字转为语音。

机器翻译的应用需要考虑微观的情景。比如，本地化过程中网上一些外文视频的字幕翻译，可以做成电脑软件，使用后可以将翻译的文字显示在屏幕下方，可以选择显示原语言或者直接显示翻译，针对字幕工作人员，可以设置可编辑的选项，方便改写和校对；在剧院，可以开发与手机适配的小程序，可以实时显示台词并进行语音和字幕输出；在海关出入境，结合海关人员出入境登记、物品报关等设计相应手机适用 APP；在游戏的本地化翻译过程中，可以直接实现语言切换以及语音与文字不同媒介形式间的转换；在外文网页浏览时，可以设置中外文分栏显示，以满足语言学习、信息检索等不同使用人群的浏览目的，提升阅读外文期刊用户的使用体验，帮助舆情工作者搜集或者提炼有用信息。

三、AI 同传人机交互面临的主要问题

AI 同传过程中需要考虑通讯质量、设备障碍、会场噪音、个人口音、停顿、语气词等翻译产生的影响。会议现场专业度高、覆盖度广，AI 对特殊场景的理解还不够。场景对于语义具有至关重要的影响，相同的一句话在不同场景里有不同意思。国际同传会议现场对于及时性要求更高，不可预知情况很难控制，很难给机器足够的自我调整时间，要解决机器翻译对未知困难的自适应性问题相对较难。短时间内，机器翻译对于中、外文方言的识别会存在较大困难，这种情景下需要依靠人工译员或者通过人机合作的形式来优化。

本章重点对机器翻译译文质量进行了量化和质化分析，探究了机器翻译现有功能和质量在 CAIT 设计过程中应用的可能性和可靠性。

机器翻译译文质量评测结果显示，机器翻译在术语和译文的翻译质量上因领域不同有较大的差别，术语翻译的准确率相对较高，译文语言的精准度有较大提升空间。机器翻译的译文对于人工翻译具有一定的借鉴价值，在某些领域已经能满足基本的交际需求，达到破除语言障碍、传递信息和促进理解的目的。当译文难度超越不同人群的二语水平和理解难度、时间紧迫不允许精确翻译、精确程度要求不高的情况下，机器翻译对人类具有一定的辅助作用。

机器翻译和 AI 同传译文存在的主要问题涉及：局部语言单位间的句法规则处理难度大；冗余表达（杂音）不能进行简化、规范处理；单一语句内不同语言单位间逻辑关系处理难度大；多义词的消歧困难；跨语句逻辑关系处理难度大，如断句、关联关系等；语篇连贯与衔接很难保证；语音、语调等语用信息所蕴含的话语含义和情感因素难以感知和传递；语音识别率底；话轮转换难以识别等等。此外，机器翻译存在的末端翻译质量问题很难在改进神经机器翻译模型的基础上提升。

尽管存在上述方面的问题，机器翻译具有语音识别迅速、翻译结果能同步呈现等优势，虽然机器翻译完全替代人工翻译的可能性不大，但是简化译者的工作方式、提升工作效率、替代部分对精准度要求不到的交际需要是大势所趋。机器翻译和 AI 同传在口译中的应用应力求克服学生译员学习过程中的学习要点、学习困难以及职业译员在职业操作中的认知缺陷，提升工作效率，简化口译操作，降低学生译员或职业译员的认知压力，降低译员的认知负荷。

第六章

基于云平台和机器翻译的交替传译辅助训练平台构建

交替传译是一项特殊的职业技能，"准确、完整、通顺、及时"是衡量交替传译能力的四个基本标准（王斌华，2009），这就要求学生具备一定的双语基础、经过严格的专业训练。

交替传译要求译员"把讲话人的思想和情感准确地传递给听众，译语要充分表达讲话人的意图，达到讲话人要求的效果，要符合讲话人的身份及讲话的场合，符合听众的认识水平和层次，语言要规范，尤其是专业术语要准确无误，不说外行话"（王斌华，2009：4）。

交传译员需要经过严格的职业训练才能掌握扎实的交传技能。交替传译的学习以优秀的双语能力和充实的言外知识为前提。前者要求学习者要有意识借助各种途径同步加强汉语和外语的学习，后者要求学生掌握百科知识和专业专题知识学习、积累的技巧。口译技能是口译训练的核心环节，涉及短期记忆的技能、快速笔记的技能、口译听辨理解技能、口译转换的技能、口译表达的技能。学生学习过程中，需要了解口译记忆的基本原理与技巧；听辨理解技能需要逐步培养学生听辨理解的思维习惯，慢慢让学生从语音听辨到语流听便，从听词到听意，学会意群切分、识别与提取主题信息。口译需要培养学生的口译思维习惯，如言语类型分析、逻辑线索及信息整合。口译学习是一个专家技能养成的过程，学生要学会口译转换、目标语重构和口译表达，掌握口译笔记的基本原理和技巧，深谙数字口译技巧等。（王斌华，2009）

关于口译员的基本素养和能力，戴惠萍（2014：2）强调，合格的会议口译员要具备良好的中英文听力、理解和表达能力、中英文的迅速转换能力、百科知识；对不同层次、不同背景的人讲话内容的敏锐把握；良好的口译笔记技巧和短时记忆能力；清晰的口齿；多任务处理能力；笔记和记忆协调能力；成熟的心理素质；严格的时间观念；良好的职业道德；保密意识和出色的脑力及体力等。

在现有的教育教学条件下，交替传译学习过程中，学生译员经常面临找不到合适练习材料、组织练习困难、练习结果评估困难等诸多问题，现存口译练习平台多以资源型为主、专业化程度差，无法满足口译专业化训练的需求。鉴于此，本章的研究旨在结合交替传译的技能进阶和练习方式，以云平台和机器翻译技术为基础，构建计算机辅助交替传译学习平台。

第一节　交替传译技能构成及练习途径

迄今为止，学界对交替传译的能力构建、进阶方式、训练方法和训练目的等都进行了较为详细的阐述，这些为 CAIT 交传学习系统的构建奠定了扎实的理论和实践基础。

仲伟合（2001）将交替传译的技能训练分解为口译短期记忆、口译笔记、口译笔记阅读等 13 个子技能，每个子技能都设置了明确的训练目的和训练方法。此训练模式兼顾了认知训练、语篇理解与表达、口译技巧、职业素养等不同层面，唯一欠缺的是未对单个子技能的详细训练模式进行深入解析（参看表 6-1）。

表 6-1　交替传译的技能构成与训练方法

技能名称	训练目的	训练方法
口译短期记忆	主要训练译员的短期记忆能力，准确理解发言者的讲话内容	单语复述练习； 单语延迟复述练习； 译入语复述练习
口译笔记	口译笔记有别于会议记录，也不是速记。口译笔记是辅助记忆的手段，是在听讲过程中用简单文字或符号记下讲话内容中能刺激记忆的关键词	本技能的训练应贯穿口译训练的前期过程，帮助译员建立一套可行的笔记符号，练习常用词的口译笔记速写
口译笔记阅读	根据笔记的内容组织语言、归纳主题	可设计给出几个核心词，要求学员根据核心词综述出一段内容

续表

技能名称	训练目的	训练方法
交替传译理解原则	训练学员对原语的理解，翻译过程中注意力的分配（听、记、想）	跟读练习、提取意思练习等
言语类型分析	熟悉六种主要言语类型的特点	可适当配置书面语篇分析练习
主题思想识别	训练学员如何在理解过程中抓主题，进而在译入语中根据主题重新组织语言内容	
目的语信息重组	强调信息的理解与重组，暂不强调语言形式的完美	可从单语复述渐渐过渡到译入语的复述，到信息重组
数字传译技巧	训练学员对数字的理解与准确翻译	该练习应贯穿在口译训练的整个过程
口译应对策略	介绍在口译困境时可以采取的应对策略，如：跳译、略译、"鹦鹉学舌"等	安排在交替传译训练的后期
译前准备技巧	译前准备工作的两部分：1）长期译前准备；2）临时译前准备	结合实际的口译活动
演说技巧	介绍公众演说技巧，提高学员的语言表达能力	
跨文化交际技巧	提高学员的跨文化交际意识	
口译职业准则	介绍作为职业口译员所应遵循的职业准则	

节选自仲伟合（2001：31）

　　王斌华（2009）在《基础口译》教程中系统提出了交替传译的练习技能、练习目标和练习方式。其训练过程以口译技能为主线、以系统培养口译技能为中心，将口译技能学习和口译专题训练相结合，坚持训练过程中使用真实的讲话录音（p.IV）。表 6-2 较为详细地汇总了交替传译的阶段练习目标和练习要点，认知技能训练环节在第三章第一节有详细表述，此表略去。

表 6-2　交替传译的技能构成与练习要点

阶段练习	练习要点
语音听辨	语言的听觉分析（单音听辨）；译员采用的是语流听辨，听取的是连贯表达的话语；口译现场的源语是一种连续性的言语链，是话语表达的自然语流，会存在各种音变现象。
语流听辨	译员要注意听辨并理解源语的信息内容，其目标是对信息内容进行译语复述；听辨习惯的转变；口译现场的译员不需要清楚地听到每一个音就能达成对源语的听辨理解，这是译员听辨职业技能的体现。练习方式：关键词句填空。练习的意图在于进行"模糊特征摄取"，具备心里完形的特点，要求学生译员对源语语言具有一定的熟练程度、对口译主题有一定的熟悉程度、会把控口译现场的副语言信息以及语言外的信息。（王斌华，2009：17-18）
从听词到听意	口译听辨的过程是一个积极的理解过程，听辨的目的是为了充分理解源语发言人的意思。听辨理解的意义主要有两种：一是指信息的构成要素（who did what to whom）；二是语言形式的内在含义；注意力集中在意义理解上，并非一定要听清楚源语的每个词才能理解发言人的意思；意义来源于词语；对源语中的关键词要特别注意听辨。 口译理解是个语言分析加认知补充的过程。口译理解除了运用语言知识进行句法和语用分析外，还要注意运用言外知识来进行分析。认知补充包括相关领域的基础知识、专业知识和口译现场的场合知识、现场知识（who what who）。（王斌华，2009：30-32） 练习方式：单句意义复述；段落概述；对话口译；篇章口译。
意群切分	意义理解的单位：篇章、语段、句子和意群。学生译员养成以意群为单位进行听辨的习惯，意群是一个句子可切分成具有一定意义的若干短语；条块化摄入信息，言语的产生与感知都是以组块的方式实施的。（王斌华，2009：47-48）
主题信息的识别与提取（辨识主题句；听取主题信息；听取句中的关键词）	主题信息是能够概括或者代表整个语篇或者一个语段的中心内容。主题信息是由主题句和关键词来负载的；依据核心的主题信息，联想和预测将要听到的内容；主题信息的负载体就是句中的关键词（主谓宾等实词），主谓宾都是意群，抓住意群中的关键词，就能准确地把握每句话的意义。缺乏主干信息，信息便无法组织起来，有主有次地建立信息架构，有效地开展译语的组织梳理，进行有效记忆。在口译记忆和口译笔记中化繁为简，分辨哪些是主题信息、哪些是次要信息。 练习方式：关键词填空；段落概述（概述主旨大意）；篇章复述（复述语篇内容）；句子听译（单句听译）；关键词提取；主题信息提取；串点成线（为后期的笔记做准备）。（王斌华，2009：65-66）

阶段练习	练习要点
言语类型的分析	口译中源语语篇类型涉及叙述型、描述型、对比论证型、推论论证型、论辩说服型；按照发言方式分为即兴自由发言、有准备的自由发言、书面讲稿口头发言；按照语篇功能分为信息语篇、表情语篇、感染语篇。熟悉不同的言语类型和组织架构，可以大大提高翻译效率。
口译笔记（精力分配问题、记意义还是词）	口译笔记对大脑记忆提取起提示、辅助作用，帮助译员理清源语发言的结构、帮助译员进行目标语重构。 口译笔记的三原则：逻辑分析不可少；听懂了才能清楚记什么；笔记的对象为意义框架。口译笔记应该记录经过思维加工过的结果，也就是意义，要记下源语发言的思路线索、意义框架、主题词、关键词和逻辑线索。口译笔记的内容要有所选择，主要记大脑记不准但是同时须要准确传达的信息，包括数字、专有名词、列举项目等。口译笔记不需要追求完整性，笔记方式精简缩略。 练习方式： 笔记转换练习：把意义转换为笔记；用文字记录主题词、关键词、逻辑线索等意义框架信息；听第二遍，将主题词和意义框架信息转换成缩略方式的口译笔记；然后根据笔记列出整个语篇的信息框架；排序方式（竖向、缩进、左边空格）。 笔记练习：主题词，关键词，逻辑线索等意义框架信息；信息框架和笔记（听录音把关键信息填写到信息框架里）；根据笔记做源语复述。
数字口译	数量级别转换规则：逗点表示数量级，快速说出数字；在口译语篇中转换。

摘选自王斌华（2009：7-66）

戴惠萍（2014）将交替传译练习划分为如下几个阶段：有效听力练习（四周），帮助学生像口译员一样积极地听取信息；记忆训练（两周），帮助学生了解和掌握口译记忆信息的方式；无笔记交传训练（两周）；交传笔记学习与演练。相对于王斌华（2009）的训练模式，戴惠萍的阶段划分和练习设计别具特色。表6-3以有效听力训练为例扼要汇总其练习要点和练习方式。

表 6–3　交替传译有效听力训练进阶和练习方式

阶段练习	练习要点
有效听力 （分析信息）	译员须透过词语抓住信息再用目标语进行表达，成为交际活动的积极参与者。这一训练要求学生积极听辨，改变单纯听语言形式的听辨习惯，从听语转向听意，逐渐帮助学生具备透过语言的外在形式理解其内在意义的能力，帮助学生克服因词废意，学习快速准确抓住发言人想要表达的意义。 练习方式： 听英文句子，进行源语复述；听中文演讲做总结（抓住一段话的精要）；听演讲写提纲（依靠记忆写出讲话提纲）；看英文视频，用中文做口头总结；语篇建模，指导学生积极分析句子、段落以及篇章内部信息间的逻辑关系，并获取发言的语篇结构，鼓励学生在课外用不同文体的材料做类似的听辨、记忆、复述大意和结构练习，帮助学生熟悉中英的多种语篇结构和发言人的思维方式。（戴惠萍，2014：9-10）
有效听力 （把握要点）	信息听辨的重点在于积极地理解源语发言人想要表达的信息，迅速抓住源语信息并准确理解其意义。译员在听意的同时需要能识别并抓住承载"最有价值的信息"的词汇，承载交流目的的词汇应是关键所在。有实际价值的词汇具有普遍标识特征：首句词汇优于尾句词汇，重复性词汇暗示整个语篇的逻辑构架；除了主题句之外，关键词往往集中在专有名词、数量词、连接词、情态动词以及列举类词汇等。借助主题类信息和讲话人的意图以及内容框架源语信息就能得以有效的呈现。口译员传达的信息要尽可能完善，关键的细节信息不容忽视。此外，译员还需观察现场的互动情景、语音语调等。 练习方式： 看视频，复述，重要性分类（重要；中等；最不重要）；看视频，记关键词，大意复述；看视频，复述主题句，分组进行关键词或信息补充，完成大意复述；分段完成大意复述。（戴惠萍，2014：23-24）
有效听力 （预测信息）	口译员聆听源语的过程应该是动态的、多变的。预测可以增加听辨过程中的信息处理能力，赢取时间组织译文。预测过程是在充分调动知识、积累快速理解的前提下对未知信息进行合理预测。 预测的内容包括言内预测（语言内信息）和言外预测（讲话人表达的思想和信息）。言内预测：通过承载信息的关键词预测；通过实现篇章连贯性的语篇衔接和连贯手段预测；通过语调预测；借助冗余现象预测。言外预测：根据文体风格的预测；根据交际场合预测；根据主题知识预测。 练习方式： 部分词语省略鼓励学生预测，告诉学生讲话题目和场合、可能的文体和语言风格；词汇预测、段落预测（中外文）、篇章预测（通过主题预测讲话内容，养成口译前调动长期记忆的习惯）；看到题目后进行内容和结构的预测，听讲话，做源语复述。

续表

阶段练习	练习要点
有效听力（语音听辨）	译员听力受到发言者的语速、语体风格、发音、放音设备（辨得清，听得懂）等因素影响。对此，译员要进行有针对性的听辨训练。译员的语音听辨过程较为复杂：在对信息进行整体理解的同时还要求口译员具有更强的分析能力，即在辨析语音语义的过程中，还应有部分精力用于预测和判断行为，调动大脑中更多的分析、整理、补充和联想的功能，从而间接影响对语音辨析的正确判断。译员听辨主要注重意思或者讲话者的意图，而不是具体的语音或者词汇表达。 练习方式： 辨识各种语音；不同方言进行两分钟演讲，并复述大意；讲故事、讨论，帮助学生译员明确双方沟通中存在的问题、问题原因和对译员的警示；听录音讲故事；听音频，概述演讲内容。

摘选自戴惠萍（2014：10-24）

刘和平（2011：40-41）认为，口译技能从"非自动化"到"自动化"过渡。在此基础之上，她提出了"口译分析综合抉择能力和语篇处理能力发展阶段图"，该图示对交替传译和同声传译过程的技能组成进行了阶段划分，并描述了技能练习的要领和规范特征。交传技能的能力构建、进阶和教学模式参看表6-4。

表6-4　交替传译能力的不同发展阶段、练习要点与教学模式

交替传译1：入门阶段（视听说）

热身：了解职业，纠正语音语调，纠正姿态，把握讲话节奏

无笔记训练	母语听辨记忆	信息的视觉化、形象化、现实化＋逻辑分析＋大脑记忆方法	借助各种手段记忆方法
	外语听辨记忆		
	转换训练		
无笔记与有笔记交替训练	画画＋综述＋删除	笔记的引入	大脑与手的协调方法
	开头、结尾、数字、专有名词＋框架	仍以大脑记忆为主	强调其与信息的关系
	篇章连接词	借助常见符号记录	部分常用符号使用方法
	关键词	常规记录方法	部分常用缩略方法

测试：重点在听辨、理解、分析和表达能力，可采用综述、复述、摘要等方法		
交替传译 2：基础阶段（技能分节训练）		
热身：了解职业	口译职业的各类照片，使用口译的场合、工作条件、国际机构等	
译前准备	选择与各校特色结合的主题	准备中应运用的方法和常见问题的处理	熟悉工作语言
口译程序：通过无笔记训练强调"得意忘言"的重要性	母语听辨记忆	信息的视觉化、形象化、现实化 + 逻辑分析 + 大脑记忆方法	借助各种手段记忆方法
	外语听辨记忆		
	转换训练		
有笔记与无笔记交替训练（快速过渡）（备注：该阶段需注重语言能力与翻译能力提高的交替进行）	画画 + 综述 + 删除	笔记的引入	大脑与手的协调方法
	开头、结尾、数字、专有名词 + 框架	仍以大脑记忆为主	强调其与信息的关系
	篇章连接词	借助常见符号记录	部分常用符号使用方法
	关键词	常规记录方法	部分常用缩略方法
交替传译 3：交传模拟（各类口译场合的模拟翻译）		深入了解口译职业特点和要求，心态训练，各种问题的处理
交替传译 4：自动化阶段		
巩固笔记，并以主题为线，结合各校特色，在获得相关领域知识的同时实现口译技能的自动化	叙述类讲话 论述类讲话 描述类讲话 祝辞等各类讲话 带稿翻译	从听辨理解转入信息的抉择、记忆和表达	讲话包括一定比例的陌生词或信息；长度从 3~5 分钟延长到 5~8 分钟，语速也从 180 字 / 分钟左右提高到 190 字 / 分钟左右；不同口音、状况处理等。翻译的准确度和完整性不断提高，翻译的表达水平接近职业化

引自刘和平（2011：40-41）

以上交替传译训练模式均依托纸质教材呈现，相对于网络教学，纸版教材具有一定的局限性，如很难体现学生译员个性化的学习过程、练习材料有限、主题不足够丰富、技能练习可操作性不直观、认知机制训练的针对性不强、认知思维训练方法不突出等。书面教材不能适应全球化背景下的多元化学习模式的需求，相比之下网络学习具有海量的练习资源、能在线即时互动、便于多元共享等优势，可以打破练习对象的单一性和单一语言环境的限制。信息通信新技术在口译学习过程的运用将提高交替传译的学习效率，实现学生译员学习过程的跟踪和显现，实现个性化学习以及语料、术语的规模化积累。

第二节　交替传译辅助教学软件调研与分析

本节重点调研市场上现有的交替传译辅助教学软件并分析其功能。

一、调研目的

此研究的目的旨在对市场上现存的外语学习和口译学习软件进行较为系统的调研，并详细分析主流软件的功能设置，发掘这些软件中值得借鉴的地方，以期将合理的功能纳入口译实训平台，并在此基础上推陈出新。

二、调研结果

调研发现，学生群体中经常使用的有代表性的学习软件有英语流利说、爽哥英语、木棉树英语、扇贝单词、英语趣配音、每日法语听力、HelloTalk、紫东口译、网课 9 款软件。各软件的功能分布统计如表 6-5。

表 6-5　市场上外语类学习软件的功能分布

软件 / 功能	英语流利说	爽哥英语	木棉树英语	扇贝单词	英语趣配音	每日法语听力	Hello-Talk	紫东口译	网课
内容选择	√	√	√	√					
分类词库								√	
语级评判		√							
视频	√		√		√	√			
直播课			√						√
时间统计	√	√		√		√			
生词本		√		√					

软件/功能	英语流利说	爽哥英语	木棉树英语	扇贝单词	英语趣配音	每日法语听力	Hello-Talk	紫东口译	网课
闯关模式	✓	✓		✓	✓				
互动平台	✓		✓	✓	✓	✓	✓	✓	
题集		✓			✓				
发音打分	✓	✓							
听写						✓			
跟读	✓	✓	✓						
游戏		✓							
配音	✓				✓				
语音翻译							✓	✓	
内嵌字典		✓				✓			

上述软件的各项功能中，口译训练过程可以借鉴的功能包括：学习内容选择、分类词库、语级评判、视频、直播课、学习时间统计、生词本、闯关模式、互动平台、内嵌字典、语音翻译；题集、发音打分、听写、跟读、游戏、配音可以用于语言水平提升。

上述各个软件中，紫东口译是市面上唯一一个免费的以中英互译为语对的语音翻译软件。其主要功能包括语音翻译、友缘问答、我的辞库三部分。语音翻译即用户发语音后，可以录音，然后得出翻译结果。上一句显示录音听写结果，下一句附上翻译结果，用户可对翻译结果点评：有"赞、踩、复制、更多"三项，点击更多可分享至微博、人人等社交平台，也可收藏、删除。友缘问答指只有添加好友后方可使用该功能。由"我的提问"和"我的回答"两部分组成，点击对话框即"我要提问"，弹出输入录制功能，选择提交或取消项发送语音或短信问题给翻译好友。我的辞库中的三大选项是分类词库、我的收藏、口译记录。分类词库下设"餐馆、机场、购物、酒店、银行、邮局、医院、理发、交通、旅游、聊天、旅馆、安全"各项组成的菜单栏，点开任意一项，下设常用生活用语的互译，上句英语，下句中文，每句都有箭头，点击箭头可借助短信、邮件等通讯方式发给联系对象，实用性强。

紫东口译软件的特点是：设置全面，主要特色在于语音录入、及时译出功能,但界面繁杂,使用麻烦,我的辞库方便出国旅游,不会外语的游客,译员借鉴性低,软件录入不准确,不能适应不同口音的用户使用,但加以完善,利用价值客观。该软件对计算机辅助口译训练瓶体的借鉴之处在于,可以利用 TTS 语音收集手段,展开线上语音翻译录音练习,及时复写翻译录音内容,最终对比参考译文,进行表达对照,积累好的表达,考察翻译质量。

三、可应用在口译训练中的功能模块

选择学习内容:大部分 APP 在用户注册完毕之后,会主动让用户选择自己感兴趣的内容,并根据用户的选择推荐学习资源。同样地,口译中也有诸多主题,用户可以在平台上任意选择想要练习的主题,每一个主题对应一个模块,内含相关语料。

分类词库:紫冬口译 APP 含有一个"分类词库"的功能模块,该模块涵盖了不同领域的术语,对于译前准备非常有用。口译平台译前准备模块也可以添加此功能。

语级评判:爽哥英语部分课程会教授用更高级的句子来表达意思。同一个句子,语级由低到高,对用户的语言能力提升很有帮助。口译平台也可以根据翻译场合,借助语级评判,评估翻译质量。

视频与直播课:许多 APP 都有着丰富的视频资源,有的还配有直播课。口译训练语料可同时搜集音、视频,突出现场感。如,习近平主席在 G20 峰会上发表讲话的视频。也可以引入直播功能,让用户拥有身临其境的翻译体验。

学习时间统计:大部分软件都会在后台自动统计用户学习时间,个别软件还设置了打卡模式,三天不打卡就会扣分。口译训练的关键在于勤于练习。口译平台也可以设立打卡模式、奖励制度,附加上每日学习时间统计。

生词本:这是每一位口译学习者必不可少的利器。无论译员的译前准备有多充分,翻译时也难以避免碰到陌生词汇。口译平台可以设置"添加词汇到生词本"这一功能,方便用户收集陌生词汇或专业术语。

闯关模式:许多 APP 配备了此项功能,能够增加外语学习的趣味性,激发用户学习的动力。同样地,口译训练也可以根据口译材料的难度设置闯关环节,让用户闯关 pk,增加口译练习的趣味性。

互动平台:用户借助这一功能认识志同道合的朋友,相互勉励,相互交流经验、借鉴方法，共享资源。

本节研究发现，信息科技新技术能够帮助实现人机交互、语音识别、在线自评互评等，对培训前、培训中和培训后三个大阶段进行评估。口译实训平台比传统翻译教学来说，具有评价系统先进、便捷的特点，同时浸入式的网络特点也更有利于营造多元化、真实的口译环境。口译实训平台的定位之一应该是在对学生译员进行意识培养和工作语言能力培养的基础上，提供大量阶段性练习，最终达到培养口译技能、提升口译能力的目标。

第三节　基于云平台和机器翻译的计算机辅助交替传译学习系统构建

计算机辅助交替传译学习系统（简称为 CAIT 交替传译学习系统）包含 1~4 四个不同级别。本章将逐一介绍四级结构的框架、实现方法和练习模式。

一、云平台构建

1. 系统框架

（1）系统一、二级结构

CAIT 交替传译学习系统一级结构分为两个部分：职业入门训练、交替传译，分别对应译前准备训练、翻译训练两个功能模块。

职业入门是一个很容易被忽视、但其实具有极强重要性的环节。如果在课程设计中没有特别强调职业入门，学生很容易将翻译课当作一堂稍微变化了的语言课，并继续保持原来对待语言课的思路，注重生词、句子表达，而忽视了对意思的抓取和译入语 – 译出语的转化。

交替传译则是实训平台的核心部分，也是传统翻译课程中的主要内容，包括笔记训练（包括无笔记训练、无笔记有笔记交替训练、笔记训练）、表达训练、主题进阶训练、术语专项训练等。传统翻译课程往往会强调线性的翻译进程，遵循从无笔记到有笔记，最后进阶训练的过程。本平台在环节设置上主要从笔记、表达、主题三个大方面入手，并增添术语专项训练，以期更好地适应学员的需要。

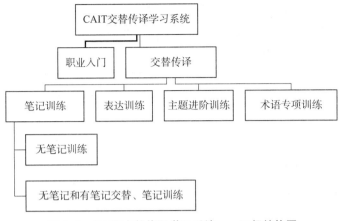

图 6-1　CAIT 交替传译学习系统一、二级结构图

（2）系统三级结构

CAIT 交替传译学习系统三级结构是二级结构的延伸，具体阐述了实训平台二级结构的展开方式。其中"口译职业入门"主要分成"口译分类"和"工作语言能力和意识"两个大板块展开；无笔记练习则分成"复述练习""分析信息练习""综合练习"三个大板块展开；"主题进阶训练"通过 10 个不同的主题来渐进提高学员的口译能力；术语训练分为"基础术语训练""术语训练"两个板块。

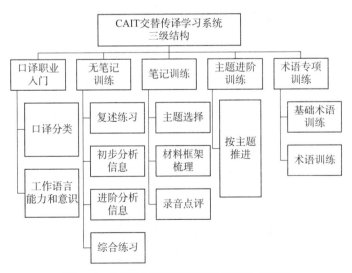

图 6-2　CAIT 交替传译学习系统三级结构图

（3）系统四级结构

CAIT 交替传译学习系统的四级结构主要由所有训练方法下的具体练习组成，共计 42 个练习，其中口译职业训练练习 5 个，笔记练习 17 个（无笔记练习 9 个，有笔记练习 8 个），表达练习 5 个，主题进阶练习 7 个，术语专项练习 8 个。由于篇幅限制，本章省去具体练习内容。

每个练习均有对应的理论指导，体现各个环节的理念。如，"口译职业入门"中的"口译分类练习"，是为了帮助口译学员认识口译分类、并在具体口译环境中识别口译分类而设计的环节；"表达训练"中从"长难句"到"段落""篇章"，就是从小处展开，循序渐进地引导学员进阶，且最终能够处理篇章级的源语文本，并将它自如地表达出来。

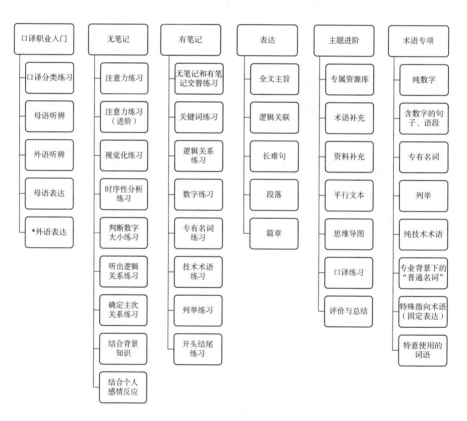

图 6-3　CAIT 交替传译学习系统四级结构图

练习设计方式多样，包括选择、问答、录音、返听、评价等形式，旨在充分将练习方式与设计理念相结合，以实现练习效果。"主题进阶训练"的练习则侧重于运用专属资源库、术语和资料文本等补充手段，帮助译员进行资源整合。这样的练习就不仅旨在提高口译学员的能力，更加侧重于提高口译学员对资源管理的认识，以此来深度、有效地应对未来口译场合。同时，"主题进阶训练"还包括"思维导图"练习，该练习旨在提醒学员整合思维，更加积极地处理文章，而不是被动地做出输入—输出的反应。

2. 口译职业入门

（1）框架结构

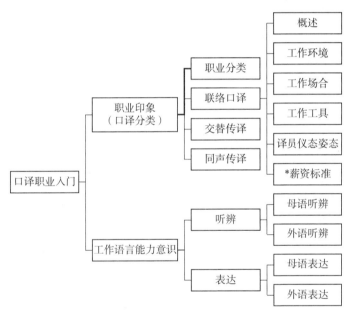

图 6-4　口译职业入门练习结构图

（2）职业印象模块

按照翻译的形式，口译分为联络口译、交替传译和同声传译；按照内容口译分为手语翻译、各类会谈翻译、会议翻译、法庭翻译、宣传礼仪翻译、产品发布会、展会翻译、学术会议翻译。

a. 联络口译

"联络口译（或双边口译）指的是双语译员同时以两种语言为讲不同语

言的交际方进行轮回交替口译。"Gentile 和 Ozolins 的定义更为简洁："同一译员进行两个语言方向的口译即为联络口译。"(邹德艳、刘风光，2012：34)"联络口译这种口译形式适用于不同的工作场景，如医疗口译、法庭口译、商务谈判口译、陪同口译等。"(同上)

工作环境：考虑到联络口译员的角色和任务，一般情况下，联络口译员与交际双方会在同一空间中，且三方距离较另外两种口译形式都更近。因此，现场交际感会更强。

工作场合：按照不同类型的联络口译给出图片，使学习者有所体会。

工作工具：一般不会用到特殊的工具，但作为职业口译员，口译所需的笔记本和笔是所有口译员的必备工具。

译者仪态姿态：联络口译员一般要和交际双方同时出现在交际场合，因此要求口译员着装仪容应当符合交际场合的要求，落落大方。

＊薪资标准：按照不同类型、不同语言对存在巨大的价格差异。

b. 交替传译

口译员在会议室或其它交际场合边听源话讲话边记笔记。当讲话者结束或停下来等候传译的时候，口译员用清楚、自然的目的语准确、完整地重新表达源语发言的全部信息内容(任文，2009)。如果发言时间较长，发言与翻译则交替进行(也称作"即席翻译"或"连续翻译")。

工作环境：一般是一对多关系，即为一个讲话人做单向的交替传译。因此多数情况会面对数量较多的听众。

工作场合：交替传译可以用于非正式事务性会谈，也可以在正式会谈、各类招待会、发布会、董事会、商务谈判、会议等场合使用。

工作工具：基本装备：笔记本、笔。

译员仪态姿态：口译员一般情况下要出现在交际场合，因此要求着装仪容符合交际场合，举止大方，彬彬有礼。

＊薪资标准：根据会议等的级别及译员的水品，在 1000~10000 元 / 天不等。

c. 同声传译

译员在不打断讲话者讲话的情况下，不间断地将内容口译给听众的一种翻译方式。

工作环境：一般在封闭的同传箱内进行，空间较为狭小。

工作场合：高端国际会议。

工作工具：同传设备，包括耳机、麦克风等。

译员仪态姿态：因为在封闭的同传箱内进行，因此对译者的仪态姿态要求并不十分严格。

*薪资标准：联合国聘用临时同传译员的薪资标准为 165 美元 / 天。

3. 工作语言能力意识

（1）听辨能力

听辨能力练习旨在培养练习者对材料有归类分层的意识，要求练习者能够分辨出母语外语中的不同领域、不同语级及不同口音，为后续口译练习奠定良好的思想基础和习惯。

a. 母语听辨

练习：准备一系列不同主题、不同语级及不同口音的语料，200~300 字左右。给练习者播放一段语料，要求练习者在听完录音后，从上述三方面作出判断。

b. 外语听辨

练习：准备一系列不同主题、不同语级及不同口音的语料，200~300 字左右。给练习者播放一段语料，要求练习者在听完录音后，从上述三方面作出判断。

（2）表达练习

目标：帮助练习者养成意识，即译入语应与译出语保持同样的语级，并能够在后续的翻译练习中贯彻这一原则，或以此为目标不断努力，有意识地注重表达中的语级要求。

表达练习：听一段外语或母语语料（200~300 字左右，主题明确，语级较为清晰），接着听语料对应的翻译录音（在保持原文意义不变的前提下，准备各个语级的译文录音），练习者在听完之后判断译语是否与源语语级相符。

4. 无笔记训练

无笔记训练是交替传译的一个练习阶段，是在母语复述和二语复述练习之后、笔记学习之前的一个阶段。该阶段要求学生译员具备意义听辨、用源语和译语概括关键信息和抓取信息结构的能力。

（1）框架结构

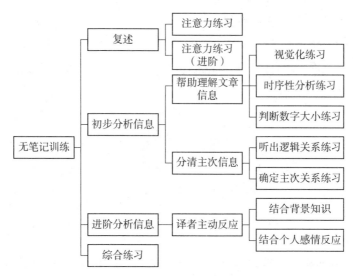

图6-5　无笔记训练练习结构图

（2）复述

a. 注意力练习

语料选取：讲话应当是新闻性的，但又不能仅仅停留在人尽皆知的事情上。同时，讲话中也不应包含有怪诞的论据，其逻辑应当显而易见。注意避免使用国际组织的文章，因为此类文章行话、术语较多，语言在某些情况下欠缺规范。此练习选择的语料多为留学生录制的新闻文本类报导。

理论依据：译员是特殊的听众，他们更关注讲话人要表达的意思，领会意义之间的细微差别。我们引导学生掌握的就是这种听辨能力。学生要对信息进行分析，可是由于讲话人在不停地讲，所以他们必须在很短的时间内捕捉必要的信息。开始时，可以在学生们经常读的报纸和杂志上选择一些新闻类的重要文章、大众化文章，要求学生在听过之后复述大意，注意连贯性。练习的目的在于让学生用另一种语言尽可能简单清楚地叙述。

b. 注意力练习（进阶）

语料选取：真正口语化的材料语速正常，也就是即席发言的语速（每分钟 120/220 个字词），如电视台或电台录制的采访。

理论依据：做交传时，讲话人的话一结束，译员对信息的分析也应当随之结束；在同传中，信息的分析是随着讲话的展开而进行的。学生在语言学习的过程中，习惯了详细地分析文章，而在学习翻译的时候，学生必须习惯于一边听，一边对话语的信息做即时地分析。译员的话是即席的，不要求像笔头文字那样有那么多润饰，只要满足于口语的流畅度就行。但是对讲话信息的分析，应能达到与分析文章一样的高度。

具体练习：系统播放音频；音频播放结束，系统弹出对话框：请您开始复述；用户复述。

（3）初步分析信息训练

a. 视觉化练习

语料选取：在这一练习中，应使用叙述性的、能使人产生联想的讲话。要避免用细节性的讲话，因为现阶段的练习需要避免过分地注意细节。一开始可以建议学生通过想象的方法，将注意力集中在讲话的意义上，而不是字词上。在心里想象讲话人所说的某物，或者某一事件的情形，等于是在听讲话人的意思。学生能想象讲话人所叙述的事件，便可以避免把注意力放在字词上，而且可以根据他们想象的事物重新表达。

具体练习：

系统弹出小贴士："请您根据材料，尽情地想象吧！"系统播放音频；音频播放结束，系统弹出对话框：请您开始复述。

b. 时序性分析练习

语料选取：信息点涵盖较多的语料。掌握节奏，在心里记着叙述的一个个阶段，也是理解意义的一种方法。以这样的方式理解讲话的意义时，也就放弃了对文字的关注。通过时序性的分析，可以让学生学会理清讲话的信息。

具体练习：

系统弹出小贴士："数一数这段材料里总共提到了几件事？分别讲的是什么？"系统播放音频；系统弹出对话框：请您说一说吧！用户复述。

c. 判断数字大小练习

语料选取：数字较多的语料。

理论依据：在现阶段，我们听到的语音形式很可能只是一部分，如果这种残缺的形式不能在我们心中唤起某种认识，如果我们不能用这种认识对听到的形式给予补充，我们就无法辨别出完整的形式。数字的大小比完整的语音更容易辨别记忆。因此学生要学习的是听数字的大小。

具体练习：

系统播放音频 —— 音频播放完毕，弹出问卷。问卷主要以选择题的形式呈现，考察用户对文中数字大小的掌握。—— 用户答题 —— 系统批阅并显示正确答案。

d. 听出逻辑关系

语料选取：逻辑明显但较为复杂的语料。

理论依据：要告诉学生是哪些意念把我们从一件事引向另一件事，让他们记住事件之间的练习。因果联系，各个意念之间的种种关系，是形成讲话人意思的重要因素。

具体练习：

系统播放音频——音频播放完毕，弹出小贴士：请您复述上述材料中的所有事件，并理清事件之间的逻辑关系。—— 用户复述

e. 确定主次关系

语料选取：信息较多的语料。

理论依据：学生在听一段材料时，一边要在心里理清讲话人的思路，找出哪些意思是主要的，哪些是次要的，并在各个意思的联系中分出哪些是论据，哪些是例子。我们只有理解了各个意念之间的关系，才能做到这一点。

具体练习：

系统播放音频——音频播放完毕，弹出小贴士：请您复述上述材料中的事件。——用户复述——系统弹出问卷，问卷仍然以选择题的形式呈现，给出某一个信息点，让用户判断这是主要信息还是次要信息。——用户答卷——系统批阅并显示正确答案。

5.笔记训练

（1）框架结构

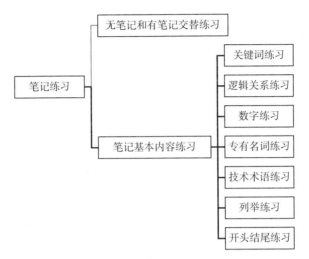

图 6-6　笔记练习框架结构图

（2）有笔记和无笔记交替练习

系统播放音频/视频,用户准备翻译。在这个过程中用户可自由做笔记。材料播放完毕后, 用户根据系统提示开始做有笔记或无笔记翻译。

笔记学习的过程中,很容易出现"听写式"的记录方法。由于怕遗忘信息, 用户会不由自主地想要将听到的所有信息都记录下来。在听记的过程中, 如果片面追求笔头记录的所有信息, 那么用户分给理解讲话的精力就会大大减少。与之相反, 用户在做无笔记训练的时候, 注意力则全部集中在讲话的理解上。通过做有笔记和无笔记的交替练习, 可以很好地协调用户听和记的精力分配, 将其精力拉回到理解讲话上。交传的重点在于理解讲话。笔记只是记忆的辅助手段, 其作用是帮助译员把精神集中在讲话的内容上, 并在翻译的时候起到提醒的作用。

具体练习:

系统播放口译材料,用户准备翻译,听的过程中可做笔记;材料播放完毕, 系统会弹出一个对话框, 显示"有笔记翻译"或"无笔记翻译", 用户根据系统提示, 按要求进行翻译;翻译结束后, 系统弹出评分问卷, 请用户自评, 只需打√即可;评分问卷内容包括:您是否翻出了讲话的大体思路与框架? 您是否翻出了讲话的主体内容? 您是否顺利翻译出了细节部分?

您是否顺利翻出了讲话人的语气？问卷提交之后，系统会根据用户的问卷打分：讲话的大体思路与框架50分、主体内容20分、细节10分、语气10分；系统小贴士：尊敬的用户，在一开始做交替练习的过程中，部分信息的丢失是难免的。但您要能够翻译出讲话的大体思路与框架，以及主要内容。如果您做不到这点，则说明精力分配尚不合理，说明记笔记对您的讲话影响很大。这是绝大部分初学者都会出现的问题，请您不要灰心。多加练习，就能够进步；用户可按照这种模式反复练习，有笔记和无笔记交替；当用户用在笔记和理解上的精力分配恰当了之后，便可以开始真正的交传练习了。

（3）笔记练习

这一模块的内容，包括了笔记中能够涉及的绝大部分因素。内容如下：最基本的表示意思的符号、表示逻辑关系的符号、记录数字的方法、专有名词和技术术语的记录、开头和结尾。

通过侧重点不同的分项训练，让用户掌握记录笔记中不同内容的方法与技巧。平台采取内容分项、逐个击破的方式，根据笔记的各部分内容设计练习，便于学生找到薄弱点所在。

笔记练习可以围绕关键词、逻辑关系、数字、专有名词、技术术语、列举、开头结尾等展开。

a. 关键词练习（选取的语料含较多具体的事物）

系统播放口译材料，用户做笔记并翻译。翻译结束后，用户们可以给自己的笔记拍照并发布至交流平台，以达到互相交流借鉴的目的。

就示例语料而言，其中有很多可以用简单的字符或图案标记的内容，如郁金香、方位、一望无际、值钱等。用户在记笔记时可以尝试用最简单、写起来最快的符号来表示这些内容。比如，郁金香可以用寥寥几笔勾勒出的花来表示；中亚可以画一个大致的亚洲地图，然后在中间画个圈；方位可以用各个方向的箭头表示；值钱可以用美元或欧元或人民币的符号表示，等等。

b. 逻辑关系练习（选取的语料逻辑性很强，多为某个人对一件事的评论、辩论等）

（a）系统在播放口译材料前，会弹出小贴士：请您在做笔记的过程中，用横线划分文章的每一个部分，并着重用箭头、逻辑符号等来标记文章逻辑。

（b）系统播放口译材料，用户做笔记。

（c）用户翻译前，可点击"录音"按钮，将自己的翻译录制下来。

(d)翻译结束，用户可以将自己的翻译发布至交流平台，请网友听一听，并通过留言的形式，挑出讲话逻辑上不合常理的地方。

(e)用户根据网友的回复，找出自己的问题。

c.数字练习（选取的语料含大量数字，且语速较快）

练习方式：

(a)小贴士：到了交传阶段，您需要记下精确的数字及其代表的含义。

(b)系统播放口译材料，用户做笔记。

(c)材料播放完毕，系统弹出问卷，用户答卷。问卷上的问题有两种，以示例语料为例：首先：显示某个数字，让用户选择这个数字背后的含义。例如：问:607 这个数字代表什么意思？选项：A. 2015 年全球被执行死刑的人数 B. 2016 年全球被执行死刑的人数 C. 2015 年中国被执行死刑的人数 D. 2015 年被执行注射死的人数。其次：显示某个意思，让用户选择与这个意思相对应的数字。例如：问：全球 2015 年被执行死刑的人数有多少？答:___。用户需要在输入框中输入答案。

(d)用户可进行多次练习，直到自己记录数字的能力提高为止。

d.专有名词练习:（选取的语料多为童话故事或新闻报道，如某地发生了什么事，牵涉哪些人）

练习方式：

(a)系统提示小贴士：请您着重记录材料中出现的人名、地名、人物的身份。

(b)系统播放口译材料，用户做笔记。

(c)材料播放完毕，用户开始翻译。

(d)翻译结束，弹出对话框：您是否准确翻出了材料中出现的人名、地名、人物身份？这样能够让用户对自己的翻译有一个大致的评价。

e.技术术语练习（选取的语料为专门领域的讲话）

练习方式：

(a)系统给出若干主题，让用户选择。

（b）以示范材料为例，用户选择"癌症"这一主题后，系统弹出小贴示：您是否做了充分的译前准备？请选择"是"或者"否"。

（c）若用户选择"否"，系统将不会播放材料。因为对专业领域的讲话来说，不做译前准备就来做练习，一是没有意义；二是浪费材料。

（d）若用户选择"是"，系统则播放材料，随后用户开始翻译。

f. 列举练习（选取的语料内含较多列举成分）

练习方式：

（a）系统提示：亲爱的用户，列举不能横着写，一定要竖着写，这样一方面可以看得更清楚；另一方面如果有补充信息也容易添加。

（b）系统播放材料，用户做笔记并翻译。

（c）用户翻译结束后，可将笔记上传至交流平台，若网友觉得列举记的不错，则会赏给用户一个赞。

g. 开头结尾练习（选取的语料多为领导人的讲话）

练习方式：

（a）系统提示：亲爱的用户，请尽量一字不落地记下讲话的开头和结尾。

（b）系统播放材料，用户做笔记并翻译。

h. 笔记小贴士

笔记一般是一些符号、小图画、缩写、完整的字，而且文字占大多数。在笔记训练这个板块的显眼处，放置如下内容，作为用户必读：

（a）在记笔记的时候，要写得快、写得简洁明了。以避免听的时候跟不上、翻译的时候辨认不出某个符号之类的问题。

（b）对于记笔记的语言，用户应尽量使用译入语记。如果一时想不起译入语的相应表达，可以先用源语记下来。也可以一边听，一边在潜意识里思考这里该如何翻译。

（c）可以尝试采用一些实用的符号。比如用箭头表示上升、减少、关系；用简单的逻辑符号表示因果关系、对立关系等；但要注意的是，不要试图列出一份符号的清单！最后，可以尝试发挥想象，用一些简洁的图像记忆某个意思。

　　（d）缩略语。使用缩略语可以减少记笔记所用的时间。但要注意，
不要把缩写搞得无法辨认。

6. 表达训练

（1）框架结构

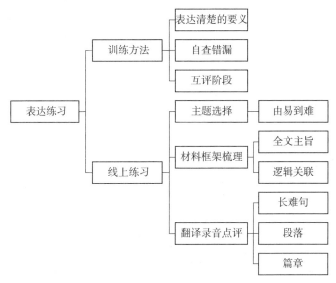

图 6-7　表达训练练习结构图

（2）训练要义

a. 清楚表达：正确表达与良好沟通效果的先决条件

练习：听完一段时长一分钟的讲话材料后，参考笔记内容，清晰表达
出自己所理解的原语内容。

b. 自查错漏：听自己讲话的录音，分析自己可以改进的地方。先判断
自己是否表达清楚，是否做到说出有意义的话，然后再听一遍原语材料，
分析原语内容并与自己的译语作比较，找信息不完整、意思有误的地方。
把握原语每句话里的"潜台词"，在细腻分析的基础上，突出清楚表达的
效果，从而实现翻译的交际功能。

练习误区："串珠式硬译"只是字对字的翻译，没有经过大脑分析，重
构原语意义，说出不知所云的话；"模糊式翻译"只翻译自己掌握的部分，
忽视意义解读不到位的句段，是违背译员职业道德的重大失误。

练习：做一段时间的数字练习后，着重练习信息点密集的翻译材料，最后加强逻辑性强的论述类文本练习，体会上下文间的词意与句意，从听众的角度出发，力求在主动听的环节，抓取关键词，构建原文逻辑，从而有理有据地阐释。

c.互评阶段：直接听练习者的翻译录音，请练习好友在不听原语的情况下打分点评；在练习好友听过原语录音的基础上，对比原语录音与翻译录音的意义符合程度后打分点评；听职业译员对同一练习所做的翻译，对比自己的录音，思考不足并归纳出改进措施、同练习好友分享练习和经验。

练习方式：

> 做好主题准备和术语积累后，请听以下翻译材料

> 有笔记练习后，回答以下问题：全文主旨是什么？全文可按意义分为几部分？（弹出窗口，线上答题）开始录音，回听自己的翻译录音，指出自己翻得不清楚的地方。

> 复听原材料，抓住逻辑关键词；解决自己意义缺失的问题，重新梳理文章逻辑，细节信息补充。（弹出窗口，细节问答）

> 按意义三级单位：句—段—篇章，做同一篇材料精细化翻译录音，译后对照翻译样本，思考表达环节的不足。

> 总结归纳：以"自查—互评—师评"为序，整理出表达方面的规范用语和不同主题下的翻译技巧，形成自己的话语体系，力求同一语意、不同语级表达的提高，上传至公共论坛，赢取积分。

图 6-8　表达训练练习流程图

7.主题训练

口译学员在经过一定的基础训练以后，需要再进行一定量的练习，才能够实现能力上的提高。主题进阶训练的目的是为了帮助学生实现大量练习实践、熟悉不同类型语篇的特点、掌握不同领域工作语言的特点。

将翻译训练理论和实践与网络实训平台的特点相结合的重要性是不言而喻的。网络平台可以很好地解决问题纸质教材中提出的一些问题。由于

网络平台具有实时更新、整体共享的特点，平台可以为用户提供全方面、最适合的练习，或者按照参照体系向他推荐适合的练习。

　　网络实训平台的预料选择遵循如下原则：将讲话长度、题材、语速等各方面因素有机结合起来，为口译学员提供循序渐进、符合能力进阶的口译流程和口译练习；主题训练阶段着重培养学生译员运用基础知识的能力，并强化语言"脱壳"过程，适度注意积累术语。

　　（1）主题推进

表 6-6　主题推进设计与语篇特征分析

主题内容	专业色彩强度	讲话类型	口音/风格、感情色彩	讲话长度/分钟
环保（时事）	题材熟悉	叙述	无	3~5
旅游业	熟悉	论述	无	3~5
就业问题	熟悉	叙述 + 论述	无	3~5
女性问题	熟悉	叙述 + 论述	无	3~5
产品介绍	熟悉	叙述 + 论述 + 描述	无	3~5
农业问题	题材生疏	叙述 + 论述	无	3~6
非洲问题	生疏	叙述 + 论述	有口音	3~6
能源问题	生疏	叙述 + 论述	无	3~6
中外扶贫	专业色彩强	叙述 + 论述	无	3~7
会议	专业色彩强	叙述 + 论述	有一定感情色彩、风格高雅	3~8

　　（2）训练目标

　　学生译员初级阶段的表现有以下两个特征：

　　虽然已经知道了"得意忘言"的基本原则，但是实际练习时经常因为语言水平、思维习惯等问题浮于语言表面，因此不能很好地分析文章的思路和意思并重新表达出来。

　　在学会口译的基础技巧以后，学员常常需要很长的时间以及大量的综合练习，来将无笔记和有笔记结合起来，并最后把重心从技巧训练上移开，再次放在文章意义上。

因此，通过设计大量的综合练习，这一阶段训练的目的就是让口译学员强化基础技能、运用译前准备知识、固化"得意忘言"原则，在做到技能强化—自动化的基础上，最后形成自己的口译笔记系统、输入输出流程，并能在实践中应对千变万化的口译场景。

（3）内容说明

a. 以主题为主线的优势

同一主题多语篇练习，学生可以借助一次译前准备完成多次练习，便于学生将精力集中于技能训练上，更加直观地认识到自己的能力水平，还能帮助学生了解口译主题性的特点，掌握快速学习和主题学习的要点。

此外，主题式进阶学习符合口译流程。在实际口译工作时，口译工作场合及基本内容都是提前可知的，而讲话人的文体、风格可能是未知数。所以从主题着手准备，能够帮助口译学员更好地进入职场。主题难度递增也可以很好地契合学员自身能力的发展。

b. 主题进阶顺序

主题按照专业色彩强度进阶，依次为题材熟悉的主题，不需要刻意的主题准备，和学员生活息息相关；需要准备的主题，学员通过思维导图、背景搜索、双语文本对比等方式进行主题准备后，可以把握题材；最后，两个专业色彩强的主题不是现阶段的重点，帮助学员熟悉专业术语准备、进入专业情景才更重要。

c. 主题数量与选择

本平台共选择 10 个主题，以此代表每个难度水平的重要程度和练习程度。需要说明的是，主题数量可以不断进行网站在线更新。

d. 文章数量

文章数量的选择也可以根据学员需要，进行适当的变更，此处全部采用 4 篇讲话作为一个主题。

e. 讲话类型

叙述和论述是口译场合中最常见的讲话文本类型，因此交传进阶训练以这两种类型为主，交织在每一个主题文章里面。在特定的主题里，学生也可以感受描述型文本的不同，并加以训练。

f. 口音 / 风格、感情色彩

平台设计时在主题进阶训练末期适当增加了一些口音训练的练习，供学生熟悉，但不作为本阶段训练的重点。

g. 讲话长度

主题进阶训练阶段，所有的讲话长度都在 5 分钟上下，以便于学生真正掌握、得意忘形。

h. 选择讲话标准

选取适合学生译员的语料，如欧盟口译司为方便译员学习专门录制的欧洲议会的公共演讲具有很好的教学性和代表性。

（4）展开流程

a. 整体流程图

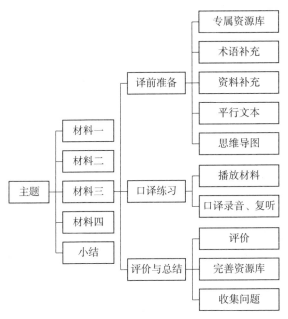

图 6-9 主题推进展开流程图

b. 以"环保主题"为例

译前准备：利用网络云存储，为学员个人建立专属资源库，向口译学员告知资源。学员利用该资源库，自己查找资料，随时放在资料库内，将所有资源集中起来，分门别类，在线保存；各环节随时有笔记可以保存在资料库中，以备以后查阅。

（a）库中包含网站已提供的所有资料（包括术语、音频、平行文本、思维导图等）。

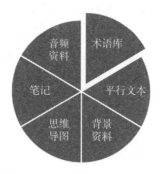

图 6-10　专属资源库资料构成图

（b）资料补充

请带着以下问题看中法对应资料：COP21是在什么背景下的什么会议？开这次会议的目的是什么？请阅读对应资料，并对问题有大致了解。

呈现文本（资料1），提供使用资料库做术语摘抄和笔记。

学生提交问题答案，系统公布正确答案。

提供网络链接，学员通过网络链接获得更多的信息（资料2）。

图 6-11　主题训练练习流程图之——资料补充

（c）平行文本

请阅读下列对应文本，从中找出对应的术语，并添加到资料库里。

呈现文本（附资料）。

请尝试自己查找双语文本，并从中提取术语，添加在语料库之中。

图 6-12　主题训练练习流程图之二——平行文本

（d）术语补充

请结合下面已经整理好的术语资料（附资料1），整理出你自己的术语库。可以在术语以后写上你认为有必要的注释，帮助你理解。

以下是本篇材料的术语（资料2），结合这些术语，请构想这篇文章的结构和内容，并提交到系统。

系统提供关键预期逻辑词

图 6-13　主题训练练习流程图之三——术语补充

（e）思维导图

在听材料以前，仅仅读过相关资料，准备好术语是远远不够的。要想更快、更好地理解文章的意思，我们首先要预测译文可能出现的逻辑，这有助我们理顺文章的脉络，帮助我们记忆。

回答下列问题：什么导致了气候变暖？为什么气候变暖会给人类带来危害？为什么会发生海平面上升的现象？什么措施可以减缓气候变暖？

观察网站给出的思维导图，将它放进你的资源库里，并在此基础上添加自己的理解。

图 6-14　主题训练练习流程图之四——思维导图

（f）口译录音环节

播放材料。

做口译并将口译录音下来。

学员可以复听自己的录音内容，但是不可以重复听同一个材料，重复做口译。

图 6-15　主题训练练习流程图之五——录音

145

（g）评价与总结

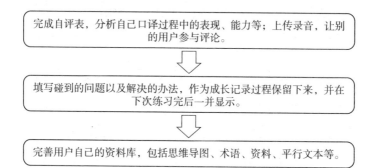

图 6-16　主题训练练习流程图之六——评价总结

8. 术语训练

（1）框架结构

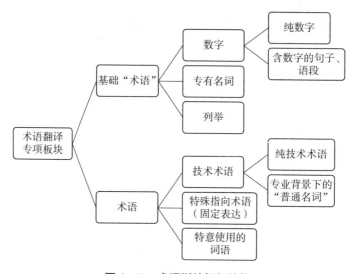

图 6-17　术语训练框架结构

（2）练习展开

此部分需要联系的主要技能包括：有术语意识；能够识别各类术语；能够应用正确的方式翻译各类术语,其中包括:对于技术类术语,进行识别、理解和使用；对于特殊指向的术语要做到源语译语对应；对于讲话人特意使用的词语要理解、明确使用目的、不忽视。

a.专有名词

　　（a）专有名词意识练习：语料为 200 字左右的一段含有较多专有名词的主题语段。首先给出语段涉及主题，例如："联合国秘书长潘基文强调家庭农业对于减贫的重要意义"，练习者根据主题内容猜测可能出现的专有名词，并自行进行查询；在练习者输入自行查询结果后，给出实际包含的专有名词（给出同一专有名词的不同说法，全程、简写、惯用称呼），练习者可对比寻找问题。

　　（b）练习目标：培养练习者的专有名词意识，强调一个专有名词可能对应的多种说法，准备工作须充分。

　　（c）流程：

> 题干"现有一段讲话，主题为''。请根据主题进行专有名词准备"同时显示三栏对应表格，左栏外语，中栏中文，右栏来源。

> 练习者根据提供的主题，猜测语料中可能涉及的专有名词，并进行查询。

> 练习者将查询结果填入系统表格，提交答案。

> 系统给出参考答案并提供可靠、有价值的专名来源。练习者将自己的答案与参考答案进行对照。

图 6-18　术语训练流程图之一——专有名词

b.列举

　　（a）列举专项练习：给出语段主题，播放包含列举内容的语段（100 字左右），练习者可做笔记，录音停止时即刻开始翻译。

　　（b）练习目标：此部分实际可称为笔记练习中的专项练习，训练练习者对列举内容的笔记技巧。

c.纯技术术语

　　（a）普通词汇在专业背景下如何进行准备：用母语熟悉主题：母语术语及其概念（单语词典、百科＋上下文）；寻找外语对应的术语（一定要在理解术语概念的基础上）。

➤ 考察方面：

  • 是否正确理解了术语的概念（基础）

  • 是否找到了正确的术语对应

➤ 参考资源：

  • 国际机构编纂的词汇表

  • 术语库、互联网资源

  • 自己积累的术语资料

（b）术语识别意识练习：给出一段语料（要求为领域性较强的、包含一些专业术语的语料；200 字左右），要求练习者从中标出自己认为是专业术语的表达，随后给出参考答案，由练习者自行对比。

（c）练习目标：培养练习者的术语意识，即对专业领域背景下的有特殊表意的普通词汇有一定的敏感度，以便进行充分的译前准备。

（d）流程：

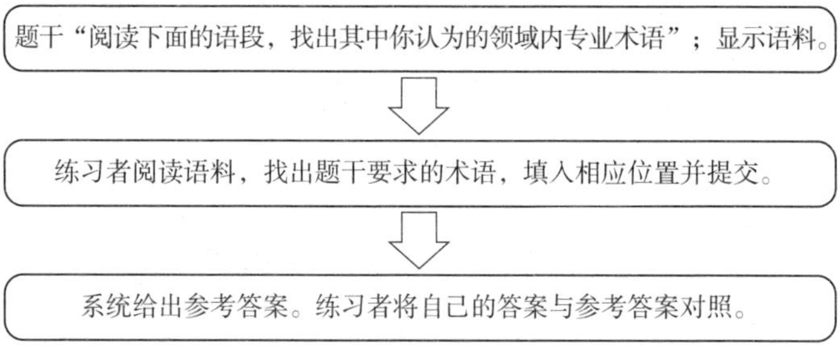

题干"阅读下面的语段，找出其中你认为的领域内专业术语"；显示语料。

⬇

练习者阅读语料，找出题干要求的术语，填入相应位置并提交。

⬇

系统给出参考答案。练习者将自己的答案与参考答案对照。

图 6-19　术语训练流程图之二——纯技术术语

d. 术语概念理解

（a）练习方法：给出一段语料（语料与上一练习可共用），给明其中的术语（可承接上一练习继续，也可称为单独的训练板块）。第一步，要求练习者通读上下文，在此基础上给出自己对于该术语的猜测。第二步，要求练习者在经过查阅资料后用母语（中文）描述该术语所包含的概念。给出的参考答案中应当包含术语的概念以及此概念的出处。

（b）练习目标：确认学生术语准备的正确步骤，即先使用母语查找相应资料，做到正确理解术语包含的概念，在此基础上找到对应的译法。培养练习者的术语概念查找方法。

（c）流程：

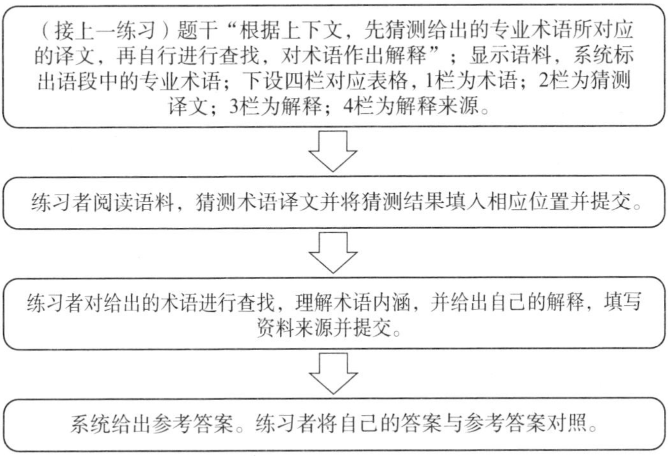

（接上一练习）题干"根据上下文，先猜测给出的专业术语所对应的译文，再自行进行查找，对术语作出解释"；显示语料，系统标出语段中的专业术语；下设四栏对应表格，1栏为术语；2栏为猜测译文；3栏为解释；4栏为解释来源。

练习者阅读语料，猜测术语译文并将猜测结果填入相应位置并提交。

练习者对给出的术语进行查找，理解术语内涵，并给出自己的解释，填写资料来源并提交。

系统给出参考答案。练习者将自己的答案与参考答案对照。

图 6-20　术语训练流程图之三——概念理解

e. 术语综合练习1

（a）练习方法：针对一篇语料给出一个主题，要求练习者根据主题自行按步骤进行术语准备，然后给出参考术语建议，让练习者对比寻找问题。

（b）练习目标：巩固练习者的术语准备方式和能力。

（c）流程：

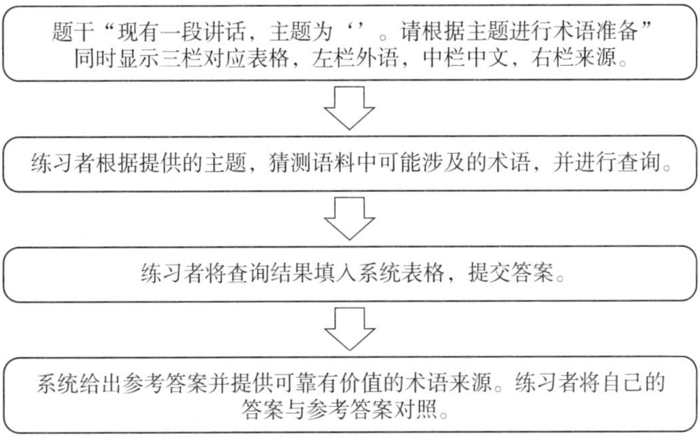

题干"现有一段讲话，主题为' '。请根据主题进行术语准备"同时显示三栏对应表格，左栏外语，中栏中文，右栏来源。

练习者根据提供的主题，猜测语料中可能涉及的术语，并进行查询。

练习者将查询结果填入系统表格，提交答案。

系统给出参考答案并提供可靠有价值的术语来源。练习者将自己的答案与参考答案对照。

图 6-21　术语训练流程图之四——综合练习1

149

f. 术语综合练习 2

（a）练习方法：接练习 1，播放给出主题对应的语料，练习者进行口译。

（b）练习目标：对口译中的技术术语从前期准备到翻译，到后期积累，得到全面综合的训练。

（c）流程：

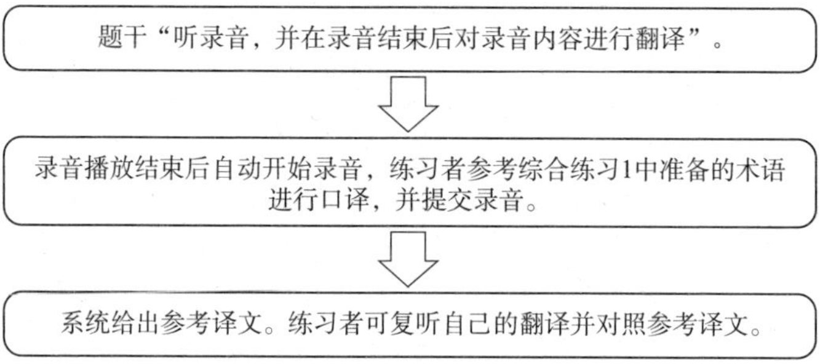

题干"听录音，并在录音结束后对录音内容进行翻译"。

录音播放结束后自动开始录音，练习者参考综合练习1中准备的术语进行口译，并提交录音。

系统给出参考译文。练习者可复听自己的翻译并对照参考译文。

图 6-22　术语训练流程图之五——综合练习 2

注意：翻译过程中遇到"不知道的术语"

➤ 不理解原语术语：

一般情况下，在进行充分的主题准备后，重要术语应当不会出现该问题。因此，此处多为无关紧要的术语，可采用结合上下文解释的方法，将术语与句子的意思合为一体，进行整体上的阐述。

➤ 理解，但是不知道如何用译语表达：

解释："术语的对应并不一定是字面上的对应"

积累：关注母语表达者，用另外的纸记录相关术语表达。

g. 固定词语的翻译

（a）原则：遵循约定俗成，将错就错。这类术语主要有以下两类：大众领域，如书名、影视作品名称、人名等；圈内行话，如某些机构专用的词汇、某个领域的专用表达；存在多语种固定译法的政治性术语。对于此类术语，要熟记每个概念在两种语言中的表达。

（b）识别练习：给出一段语料（要求内容包含较多上述类型术语；200 字左右；标明出处），要求练习者从中标出自己认为存在固定译法的表达（此处的固定译法指的是针对某一个专门的机构或组织或某一话题的特殊表达）。随后给出参考答案，由练习者自行对比。该练习可根据上述不同类别的术语分别考察。

（c）练习目标：培养练习者的术语意识，即对不同出处、不同对象的讲话中存在固定译法的词汇有一定的敏感度，以便进行充分的译前准备。

（d）流程：

> 题干"阅读下面的语段，找出其中你认为在中文中存在固定说法的表达"；显示语料。

> 练习者阅读语料，找出题干要求的表达，填入相应位置并提交。

> 系统给出参考答案。练习者将自己的答案与参考答案进行对照。

图 6-23　术语训练流程图之六——固定词语翻译 1

h. 术语综合练习 2

（a）练习方法：针对一篇语料（要求尽可能多地包含上述类型的术语）给出一个主题，要求练习者根据主题自行按步骤进行术语准备，然后给出参考术语建议，让练习者对比寻找问题。

（b）练习目标：巩固练习者的术语准备方式和能力

（c）流程：

> 题干"现有一段讲话，主题为'……'。请根据主题进行固定表达准备"同时显示三栏对应表格，左栏外语，中栏中文，右栏来源。

> 练习者根据提供的主题，猜测语料中可能涉及的专有名词，并进行查询。

> 练习者将查询结果填入系统表格，提交答案。

> 系统给出参考答案并提供可靠有价值的专名来源。练习者将自己的答案与对照参考进行答案。

图 6-24　术语训练流程图之六——固定词语翻译 2

i. 术语综合练习3

　　（a）接上一个练习，播放给出主题对应的语料，练习者进行口译。

　　（b）练习目标：对口译中的固定表达从前期准备到翻译，到后期积累，得到全面综合的训练。

　　（c）流程：

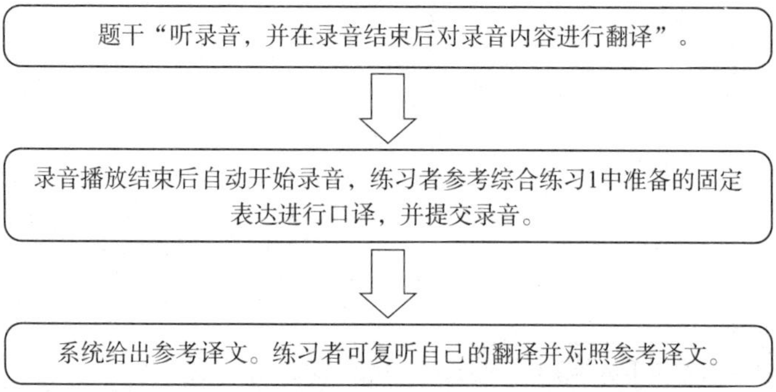

题干"听录音，并在录音结束后对录音内容进行翻译"。

录音播放结束后自动开始录音，练习者参考综合练习1中准备的固定表达进行口译，并提交录音。

系统给出参考译文。练习者可复听自己的翻译并对照参考译文。

图6-25　术语训练流程图之六——固定词语翻译3

j. 讲话人有意选择的词语

　　练习过程中，提醒学生译员注意区分"讲话人故意使用"的词语，引导学生明确其在整个讲话中的地位和作用，同时注意到此类词语使用的目的性，做到不忽视、但不为此忽略讲话的主干信息。

9. 数字训练

（1）纯数字听力

　　方法：连续播放外语单个数字，练习者迅速说出相应中文（也可补充反向练习），难度级别设计可参考应用"每日法语听力"中法语数字听力练习板块。

　　目标：锻炼练习者的数字基本功，因为中外文数字进位制的不同，使得迅速的数字间转化成为口译译员必备基本素质，此项实际属于语言学习的部分，但口译职业对数字转化能力的要求有别于语言教学，因此特列为一单项训练。

流程：

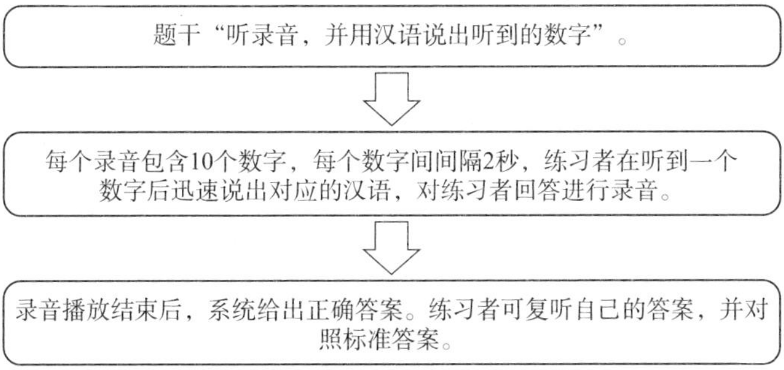

题干"听录音，并用汉语说出听到的数字"。

每个录音包含10个数字，每个数字间间隔2秒，练习者在听到一个数字后迅速说出对应的汉语，对练习者回答进行录音。

录音播放结束后，系统给出正确答案。练习者可复听自己的答案，并对照标准答案。

图 6-26　数字训练流程图之一——纯数字听力

（2）含有数字的句子翻译练习

方法：播放含有数字的完整单句，练习者在听完后迅速翻译单句，不记笔记。其中需要注意的是，给出的参考答案应当包含多个版本，如完整的版本及大意版本，并在参考答案后给出解释，分析原句在译语中必须体现的元素，以及可以模糊处理的元素，给出模糊处理的参考方案。

目标：培养一种意识，即对于数字关注点的意识，即不能只关注数字本身，而更要注意数字本身包含的意义等等（可采用上升、减少等变化类例句）；强调必要情况下可采用在句意正确的前提下不译数字的策略。

流程：

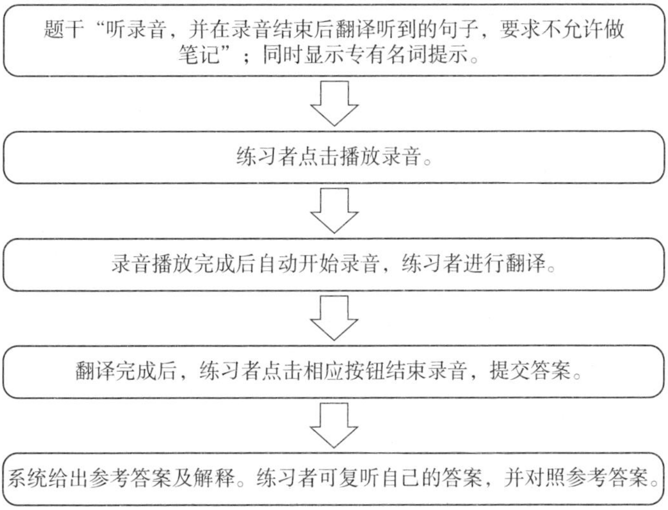

题干"听录音，并在录音结束后翻译听到的句子，要求不允许做笔记"；同时显示专有名词提示。

练习者点击播放录音。

录音播放完成后自动开始录音，练习者进行翻译。

翻译完成后，练习者点击相应按钮结束录音，提交答案。

系统给出参考答案及解释。练习者可复听自己的答案，并对照参考答案。

图 6-27　数字训练流程图之二——含有数字的句子翻译练习

（3）含有数字的段落翻译练习

方法：播放含有数字的段落语篇（100字左右），练习者可记笔记，然后在3~5秒内迅速开始翻译。

目标：练习者习惯数字较多的语段翻译，并且熟练掌握含有数字语段的口译技巧。

流程：

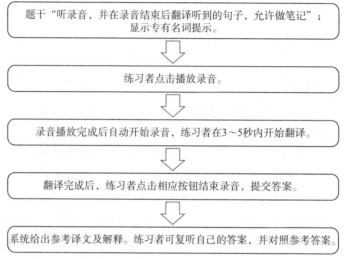

图 6-28　数字训练流程图之三——含有数字的段落翻译练习

二、CAIT 交传辅助训练功能研究与模块构建

学生译员和交传译员在交替传译练习和实践过程中遇到的困难主要体现在低频词、关键词、专业术语、数字、开头、结尾、语音听辨、逻辑架构（借助关键词生成主要逻辑架构）、信息密度大、专业技术性强、双语词汇提取困难、句式组织困难、记笔记与借助笔记产出过程中精力分配问题等。学生译员学习过程中除上述各个方面遇到的问题外，还需要注意到主题知识的快速学习与积累、术语（含专有名词）的积累、源语语料和个人练习语料的积累以及个人单项技能的进阶训练等方面。

1. 对交传译前准备的辅助

交传译前准备是主题学习、知识构建的过程，准备的主要内容集中在术语积累和背景知识的积累两个层面，两者均可以借助思维导图工具来展开，前者集中在概念系统和双语词库的构建层面，后者集中在知识积累和系统化层面。

机器翻译译文质量评估研究结果显示，机器翻译对术语、专有名词和缩略词等内容的翻译具有较高的借鉴价值。时间紧急情况下的术语、专有名词、缩略词可以经过机器翻译初步查询之后，再进行核实考证。

主题知识、百科知识的快速学习与积累是口译译员译前准备的核心环节。译员可以借助双语平行术语库、翻译记忆库、概念图示软件等完成术语和百科知识的积累，除了利用已有资源外，译员可以构建自己的术语库和知识库来提升主题知识和百科知识的积累，提高译前准备的效率。相关论述参看第八章第二、三节。

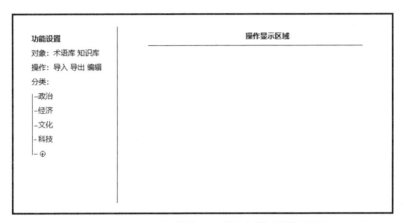

图 6-29　CAIT 交替传译译前准备辅助训练界面

2. 对交传听辨能力培养的辅助

听辨是译员口译能力习得的前提，以口译为目的的听辨不同于普通听辨。交替传译的听辨与记笔记同步进行，听辨的核心在于完成意义的理解、构建尽可能完整的信息结构。听辨练习需要与不同语篇的文体、组织特征紧密结合起来。

听辨能力的辅助训练平台允许译员导入不同格式的音、视频，并对其进行不同的播放操作。译员也可以将自己的复述内容录音，方便回放对比。辅助功能设置允许译员根据需要显示或屏蔽原文，也可以根据自己的需要对数字、术语、逻辑关联词等进行突出显示。译员还可以对音、视频进行术语、关键词、数字和信息结构的标注，这些标注可以作为文本标签，方便后期音、视频文档的归类。

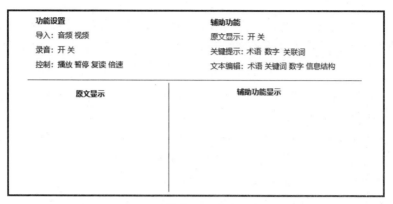

图 6-30　CAIT 交替传译听辨能力辅助训练界面

3. 对交传笔记学习的辅助

记笔记是交传练习的子技能之一。交传以理解后的意义为主要支撑，笔记起辅助的作用。记笔记主要集中在开头、结尾、关键词、逻辑架构、专有名词、关联词等层面。

交传从源语输出到译出语表达，根据讲话人的风格特点有 1~3 分钟的时间间隔。这为机器翻译发挥辅助作用奠定了扎实的基础。理想的笔记辅助平台可以简化甚至替代译员记笔记的过程，革新现有的交替传译翻译情景和工作模式。

利用机器翻译的语音识别功能可以对讲话人的讲话进行全文转录，并在此基础之上进一步对原文信息进行加工处理，辅助提炼关键词、数字等信息，构建信息结构等。译员可以根据需要设置显示内容，集中精力在听辨和信息逻辑关系梳理层面。译员也可以导入、设计吻合自己使用习惯的笔记符号，设置不同的页面显示模式和笔记语言，也可以根据自己的需要和机器翻译的优势设置原文不同层面的辅助功能，如词汇翻译、原文译文、相关联的概念图示等。译员也可以对自己的译文进行录音，方便后续改进。

4. 对交传练习的辅助功能

机器翻译在交传练习中的辅助功能可以融合对译前准备、听辨能力训练和笔记训练中的辅助功能。各模块将根据学生译员的定制，分区域显示在显示区域。整合模式如下图所示：

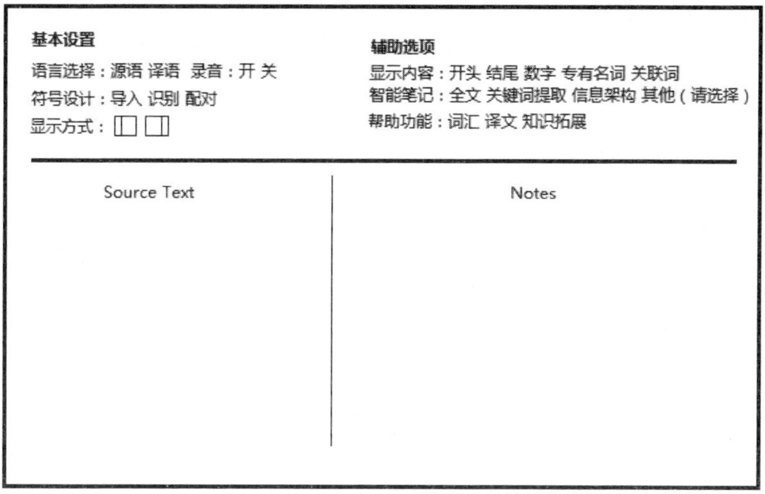

基本设置
语言选择：源语 译语　录音：开 关
符号设计：导入 识别 配对
显示方式：□ □ □

辅助选项
显示内容：开头 结尾 数字 专有名词 关联词
智能笔记：全文 关键词提取 信息架构 其他（请选择）
帮助功能：词汇 译文 知识拓展

Source Text

Notes

图 6-31　CAIT 交替传译笔记辅助训练界面

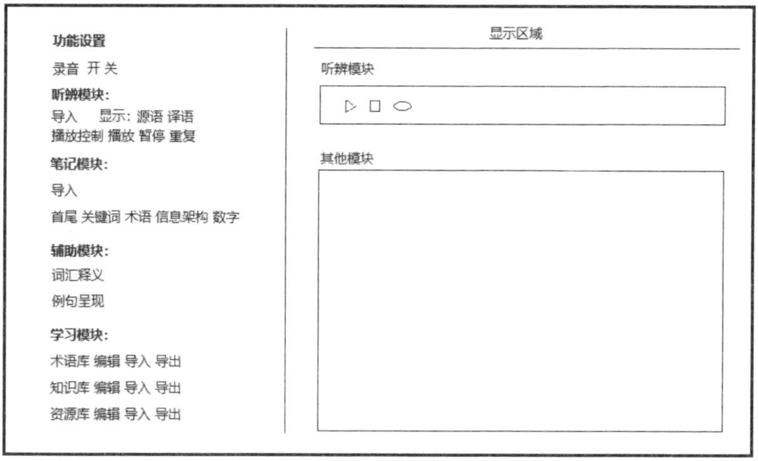

功能设置
录音 开 关
听辨模块：
导入　显示：源语 译语
播放控制 播放 暂停 重复
笔记模块：
导入
首尾 关键词 术语 信息架构 数字
辅助模块：
词汇释义
例句呈现
学习模块：
术语库 编辑 导入 导出
知识库 编辑 导入 导出
资源库 编辑 导入 导出

显示区域
听辨模块
▷ □ ◯

其他模块

图 6-32　CAIT 交替传译学生译员辅助训练界面

5. 对交传实战的辅助功能

职业译员口译过程中，可以借助机器翻译的语音识别功能对有口音、语速快或信息密度大的源语进行同步转写，有选择性地高亮视觉呈现给译员，降低译员口译过程中的认知负荷，提高翻译效率。

职业译员的笔记技能等比较成熟，相对于学生译员，提示的针对性可以更强。借助机器翻译的语音识别和关键词提取帮助译员完成开头结尾、

157

关键词提取、数字记录等。

译员也可以借助此模块记录自己的翻译内容，发现问题、总结提高。译员可以将这些记录生成自己的素材库，方便后续的重复利用，提高自己译前准备和翻译效率。

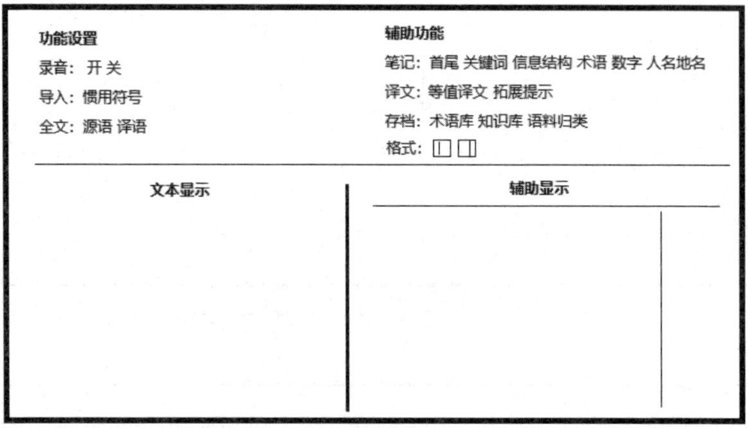

图 6-33　CAIT 交替传译职业译员辅助功能界面

第七章

基于云平台和AI同传的同声传译辅助训练系统

同声传译包括同声传译、视译、耳语同传、同声传读、接力同传等不同形式。90% 以上的国际会议采用同声传译的方式进行。同声传译是个复杂的语言认知处理过程，译员是翻译成败的核心环节。同传译员要在同一时间内听、想、记、译，做到"一心多用"。同传过程要保证连贯的信息传递，原文与译文翻译的平均间隔控制在三至四秒，最多十多秒上下。同传译员除需要具备过硬的专业技能外，还需要熟练操作口译设备。对于母语为中文的学生，同声传译的难点在于外译中。外译中过程中的主要问题是学生的听力理解问题。

第一节　同声传译的能力构成与习得

同传能力的构成与习得过程是 CAIT 系统设计的基础和前提。

一、同声传译能力的构成

同传译员一般需要接受过专门的职业训练。合格的同传译员需要具备扎实的双语能力和口头表达能力、掌握丰富的百科知识和主题知识、具备良好的心理素质以及强烈的好奇心和求知欲，译员还需在任务分工、译前准备、任务执行过程中等环节具备团队合作精神，良好的职业道德也是职业译员必不可少的素养之一。（仲伟合，2001b：40）

同声传译是一项高难度的职业活动，译文要求流利（fluency）、准确（accuracy）、具有表现力（expressiveness）、遣词造句（delivery）准确、发音标准、嗓音适度（accent & tone）。优秀的译员需要具备语言能力、百科知识和专业知识、口译技巧三方面的能力。学习同声传译要求学生具备扎实的外语听说能力，语音、语调准确、好听，思维敏捷、反应快，有好奇心和探索精神，知识面广；还要熟练掌握两种工作语言系统，熟悉同一种语言不同国家的语音语调及其特点，具备良好的专业知识、灵活应变能力、较强的心理素质和身体素质等。学生要学会"一心多用"。同声传译要求具备在1分钟内处理120个英语单词的能力。除外语外，同声传译的中文表达能力也至关重要，译员还需要有相当的主题知识和百科知识，对政治、经济、文化等各领域要有一定的认知度。

同声传译是一项专业技能，需要结合讲话人的语言输出掌握不同的语言处理技巧。顺句驱动、如何切句、并句、补句、听主干、学会抓重点等口译技巧学生需要重点练习和掌握。如，顺句驱动，即按源语顺序，切分句子，把意群或信息单位顺序译出。顺句驱动是保证同传顺利完成的基本策略；随时调整，译员需要根据接收到的新的内容调整信息、纠正错译、补充漏译；适度超前，意即充分发挥"预测"的作用，借助"超前翻译"赢取时间、降低认知负荷；信息重组，同传要求翻译"信息"，根据目的语的语言习惯重新组织信息，不能集中在"语言"上，否则会出现"卡壳"现象；合理简约，旨在在不损害主要信息传达的基础上、无法用目的语处理的材料或原文中技术性较强的材料，或目的语中很难被听众理解的情况下，采取简化语言形式、解释、归纳、概述原语信息；信息等值，译员要采用吻合听众认知水平的语言尽可能完整地传达源语的主要信息（仲伟合，2001b：40-41）。

二、能力习得与困难

听辨理解能力是翻译的核心环节，不能及时有效地听懂源语信息，是翻译过程中不可逾越的障碍。听辨练习不仅可以提升自己的语言能力，也可以让自己积累主题和百科知识，是学习知识的一个有效途径。听辨练习需要借助各种不同的媒介形式，如收音机、电视、网络媒体等，可以借助不同语种的主流媒体，如VOA、BBC、CNN等。

同声传译习得的难点包括：百科知识缺乏；由于双语语言结构差异造成的口译困难，如倒装句的处理。要求同传译员充分掌握两种语言的特性和结构，同时在练习的时候注意语言对相互传译的语言特征，否则会出现语序颠倒等问题；中外文被动语态和主动语态的处理，汉语多使用主动语态，外语被动语态较多；长句的处理也是同传练习的难点，翻译时需要注意意群切分，借助关联词将长句转换为简单句；数字的传译也是同声传译过程中的难点之一，因为中外文数字计量的差异让两种语言转换时存在换算的问题，这要求两种把握两种语言的转换规律。

听完之后，不能用译出语表达意义、意义组织困难，翻译结果容易受到译入语结构影响。初学过程中，译语输出很难保证译出语的连贯性，准确性也相对较差。翻译过程中，逻辑性不强，抓不到重点，所以需要加强逻辑的训练。同传时，尽量使用译入语的文法结构，同时注意逻辑关联词的使用，将不同的句群关联起来。

同传本身就是一个多任务处理的过程，其技能组成比较复杂，各个技能的习得都要专业化的训练。同传实践过程也是一个策略运用的过程，根据话语信息密度、专业程度、难易程度不断调整传译策略，这些都是同传技能习得的重点和难点。

同传技能的学习三分课上、七分课下，课下的练习是非常关键的。同传译员要有快捷高效的学习能力，尤其是主题知识的学习能力，还要有持之以恒的长期学习能力。同传过程中会接触到能源、化工、金融、医学、建筑等不同领域的主题，快速的主题学习能力是保证翻译过程中术语准确、外行人说好内行话的根本保证。这要求译员具备较强的时间管理和效率管理能力，做好短期和长期内的集中学习和长期积累。

第二节　同声传译的练习途径

仲伟合（2001a：32）在《口译训练：模式、内容、方法》一文中较为系统地汇总了同声传译练习的技能构成、训练目的和训练方法。

表 7-1　同声传译的技能构成、训练目的与训练方法

同声传译技能（Simultaneous Interpreting Skills）		
技能名称	训练目的	训练方法
分散使用注意力技能（cultivating split attention）	这是同声传译的基本技能，要求学员能听、思、记、译同时进行	第一阶段只进行单语复述练习、单语干扰复述练习等
影子练习（shadowing exercises）	训练注意力的分配	录制原速度的各种新闻、演讲等
笔记的使用（note-taking）	区别同声传译中笔记与连续传译中笔记功能的异同	
理解技能（listening comprehension）	训练学员如何在听的过程中理解并同时用译入语译出理解的内容	原语复述、练习；目的语复述练习

续表

同声传译技能（Simultaneous Interpreting Skills）		
技能名称	训练目的	训练方法
重述技能（reformulation）	训练学员根据给定的语言材料进行重述	提供散乱的语言材料，要求学员据此重新组织出逻辑分明的语言内容
简单化（simplification）	同声传译应对策略	设计该技能专项练习
概括化（generalization）	同声传译应对策略	设计该技能专项练习
略译（omission）	同声传译应对策略	设计该技能专项练习
综述（summarizing）	同声传译应对策略	设计该技能专项练习
解释（explanation）	同声传译应对策略	设计该技能专项练习
预测技能（anticipation）	同声传译应对策略	设计该技能专项练习
译前准备技巧（preparation）	训练学员临时性同声传译前的准备工作技能：（1）专业的准备；（2）术语的准备；（3）精神准备	结合实际口译工作介绍
视译技巧（on-sight interpreting）	介绍视译技巧：（1）有原文与译文；（2）有原文、无译文	使用同声设备进行练习，使学员逐渐熟悉同声传译的工作原理
译误处理对策（mistakes）	介绍在出现错译情况下，如何利用后面的翻译进行补救的技巧	
语音、语调、重音及节奏（intonation, pronunciation, stress and pauses）	如何把握节奏，紧跟原语发言者	
数字翻译技能（figures/numbers）	介绍数字翻译的技巧，同连续传译	
接力口译技巧（relay）	介绍在同声传译工作中如何与其他语种的同事进行合作	
团队合作（team work skills）	团队内部的合作技巧	
同声传译设备使用	介绍各种同声传译设备的工作原理及使用方法	可安排在第一阶段介绍

节选自仲伟合（2001a：32）

　　自我训练是同声传译技能习得的重要组成部分（仲伟合，2001b）。深圳大学张吉良（2004）教授创设了五种同声传译的自我训练方法，其中包括"热身运动"和"仿真模拟"两种类型，前者包括影子练习、倒数练习和视译练习，是同传练习开始之前需要做的，后者包括广播电视同传和网上同传，是对会议同传的"仿真模拟"。影子练习（shadowing）要求学员在倾听源语讲话的同时，以落后于讲话人 2 至 3 秒的时差，如影随形般地用同一种语言将讲话内容完整准确地复述出来。影子练习的目的是要使学员适应"一心多用"的同传工作方式，初步具备能同时处理听辨、理解、记忆、复述、监听等多重任务的能力。倒数练习（backwards counting）要求学员听一段讲话录音或合作伙伴的现场发言，同时从一个百位或十位数（如 200 或 90）由大到小匀速地倒数下去。待一段讲话结束后，学员随即复述刚刚听到的讲话内容。复述应力求准确详实，保证数字准确。视译练习（sight interpreting）有三种不同方式：学员手持讲稿，边默读边连贯地大声说出译文；合作者和学员各执一份讲稿，前者朗读文稿，后者根据前者的朗读速度和节奏，对照着文稿轻声译出讲话人已说出的内容；合作者在朗读过程中故意偏离讲稿适度临场发挥，为学员的听辨和阅读过程设置障碍，学员则随机应变悉数译出。广播电视同传（radio and TV interpreting）要求学员对正在播报或事先录制的广播电视节目进行同声传译。网上同传（Internet interpreting）是张吉良教授自学同声传译的过程中摸索出的一条全新高效的训练途径。其具体做法是在国际互联网上登陆某些特定网站，借助 Media Player、Real Player（或 Real One Player）等播放器，对其提供的视频节目进行同传。模拟同传的局限性在于学员无法感受口译现场所承受的巨大心理压力。

　　刘和平（2011）在自己的翻译训练模式中也系统描述同声传译的技能构成、练习方法，尤其是将交替传译与同声传译之间的衔接考虑在内，较之仲伟合（2001）的模式在训练模式、练习方法上更为具体。

表 7-2　同声传译的进阶训练、练习方式与教学要点

同声传译 1：交替传译向同声传译的过渡阶段		
交传长度逐渐缩短	情感性强的讲话	从几分钟的讲话过渡到逐句翻译
高声朗读与记忆	一般性讲话	逐段朗读后立刻说出其内容
母语单语复述	实用类讲话或文章	熟悉工作语言和翻译主题

163

母语延迟复述	实用类讲话或文章	熟悉工作语言和翻译主题
外语单语复述	实用类讲话或文章	熟悉工作语言和翻译主题
外语延迟复述	实用类讲话或文章	熟悉工作语言和翻译主题
注意力分配	影子与分心练习	听、思辨、记忆、笔记、表达的交叉

同声传译 2：会议同传准备

同传设备的使用：译厢、设备、录音录像、网络的使用等

视译 1：有稿	根据学校特色选择不同主题的各类讲话	根据语对选择列举的处理方法：顺句驱动、酌情调整、超前预测、信息重组（做到言之有意、表达流畅）
视译 2：传译 1（有译文稿）	根据学校特色选择不同主题的各类讲话	听、读与脱稿处理，讲话人语速太快时如何选择信息，等等

同声传译 3：技能训练分节训练（讲话主题、内容和语言根据技能训练要求由易到难）

讲话开头	上下文不十分清楚	逐句翻译与等待
数字翻译	讲话中出现少量数字	数字处理技巧
断句与解释	熟悉的主题	长句的处理
反复与解释	熟悉的主题	等待中
简约与增补	熟悉的主题	明喻与暗喻（跨文化现象的处理）
归纳与预测	熟悉的主题	语篇的衔接
耳语同传	可使用 PPT 文件	边看边综述或翻译
PPT 文件与翻译		将非英语的 PPT 处理为英文的方法
接力口译		汉语为会议通用语言
电话、网络口译		采用电视转播形式等

续表

同声传译 4：强化—自动化阶段		
巩固各种技能，并以主题为线，结合各校特色，在获得相关领域知识的同时实现口译技能的自动化	不同主题	注意采用不同民族讲同一语言的讲话，熟悉不同层次的人讲话口吻和习惯，并通过"动作"的重复、交叉等练习协调精力分配，解决听、思、说、写和自我监控等问题的协调
同声传译 5：接力同传		
接传特点；设备使用；接传表述与直译的区别；接传语速（如何跟上讲话人）	不同主题	非通用语接英语–汉语居多。因此，英语同传尤其应重视该训练，强调出来的句子意思要清晰，不要讲半句话，坚决避免口头禅
同声传译 6：英–其他通用语（法、西、德、日、朝鲜等）		
待培养。指在一对语言互译技能掌握后可根据市场需求进行英语与任何一外语的翻译	各类常见主题	如果能找到可以从英语直接翻译到汉语以外任何一语言的外国人最好，如果中国人做，需要 C 语言和 B 语言都十分过硬

节选自刘和平（2011：42）

第三节　基于云平台和 AI 同传的计算机辅助同声传译学习系统构建

本节重点介绍基于网络和同传子技能的同声传译学习系统架构和基于 AI 同传的 CAIT 训练系统设计。

一、云平台构建

此架构中传译技巧环节细分为两个层级，顺句驱动、随时调整、适度超前、信息重组、合理简约、信息等值等为策略层面，之后再是具体传译手法。同声传译是个策略处理的过程，译员会根据不同的情况来调整自己的语言处理策略，此分类可以帮助学生译员较好地把控自己口译过程中的认知处理策略。同声传译各子技能的具体练习方式在口译实践和前人研究中已经有着详细的阐述，在此我们就不再——赘述。

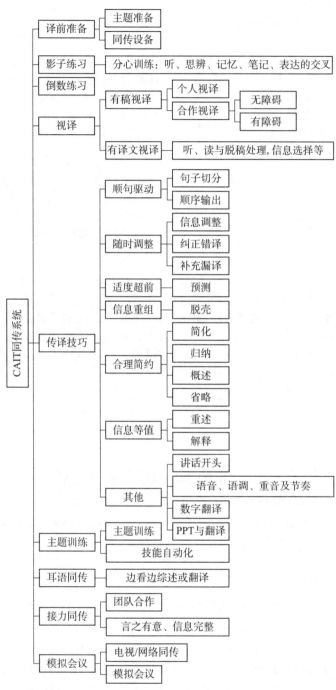

图 7-1 CAIT 同声传译学习系统云平台架构

二、CAIT 同传辅助训练功能研究与模块构建

在不同的训练和练习阶段，针对练习中存在的难点辅之以技术的手段，可以提高训练的效果，同时兼顾训练过程中不断地学习、提升学习效果。下面我们按照译前、译中、译后三部分所涉及的不同口译阶段来阐述 ICTs 技术和 AI 同传在同声传译训练过程中的辅助功能。

1. 对同传译前准备的辅助功能

在同声传译过程中，需要进行大量的译前准备工作，同传译员的译前准备主要围绕术语、专有名词、缩略词、人名、工作环境、讲话人、讲话主题、身份背景、主题知识和百科知识等展开。在术语、专业名词、主题知识和百科知识等层面的准备可以借助与交替传译相同的方式展开，与个性化学习和终身学习结合起来，相关论述和设计参看第六章第三节第一小部分和第八章第二、三节。

2. 对同传听辨能力培养的辅助功能

成功的听辨是同声传译的前提，单一语言环境下外语的听辨是学员学习的主要困难，听辨能力差是造成信息遗失的原因之一。AI 同传具有语音识别、自动断句的功能，尽管这两个方面在准确率上有较大的提升空间，但是它具有识别速度快、同步输出等优点，这些优势可以辅助学生提升自己的听辨能力。

在同传练习过程中，学生译员对自己的讲话进行录音，并借助 AI 同传语音识别的准确率监控自己的语音、语调。在同声传译练习过程中，学生可以综合借助 AI 同传的语音识别系统来提高信息的听取效率，对于语速快、信息密度大的环节，学生译员可以借助语音识别来完成原语听辨。AI 同传具有自动断句的功能，而且断句基本是以译群为基础展开的，在保证准确断句的前提下，该功能可以帮助学生译员完成长难句的辅助断句。

图 7-2　CAIT 同声传译听辨能力辅助训练界面

3.对影子练习的辅助功能

影子练习的意图在于分心训练，实现同步听说，影子练习不是机械跟读，也是建立在理解基础之上的，会涉及源语理解、意义单位的切分和传译单位的输出，同步听说中精力的均衡和分配。同步听说过程中需要保证话语输出不受到源语输入的影响，同时监控话语输出。

借助 AI 同传中的语音识别功能，可以帮助提升影子训练的学习效率。辅助模块源语言区域可以设置开启或者关闭语音识别功能，以同步撰写源语语音，以文字的形式，在信息密度过大或讲话人口音严重的时候起到辅助理解的作用，同时也可以为后续的语料学习和对跟读的反思性学习提供支撑。模块中通过设置倍速可以调节源语讲话语速；通过时间记录可以将源语中每句话的时间记录下来，方便跟读练习中 EVS 辅助功能的实现和后续源语文本与跟读文本的对比。源语录音功能允许学生译员将源语和跟读录音同步录制下来，方便后续的对比学习。源语显示区域显示语音识别和添加辅助功能后的文本处理结果。在辅助功能模块，可以设置关键词提示和意群切分功能，在语音识别的基础上，可以借助词性、词频统计来选取关键词，并高亮显示，亦可在句法的基础上，进行意群切分提示，这些功能开启后，源语显示将通过强调、超链接等形式显示出来，方便学生对语料的深入加工处理，如生词、术语、专有名词、固定表达的学习以及语料存储。

在跟读区域可以设置是否需要把跟读结果录制下来，是否需要同步将跟读结果进一步语音识别并同步显示出来。时间记录开启后，允许学生译员对跟读语言按照时间顺序记录下来，方便源语和跟读语言以时间为参考进行对比，以及对 EVS 的统计、显示。文本功能选择单声可以将跟读语音识别结果输出出来；选择双声可以将双语语音识别结果按照时间顺序并列输出出来。在学习功能设置区域，可以设置跟读识别现实的格式，单句显示会将语音识别结果以起始时间加单句的形式断句并显示，语篇则不显示起始时间，直接以语篇的形式显示跟读语音识别的结果。EVS 开启后，会在每个单句后标记出每个单句跟读的 EVS，以方便译员监控控制，以及后续的统计；发音对比开启后，可以将源语与跟读识别的结果进行对比并标记出识别错误问题，借此判断发音是否标准；信息遗漏开启后，可以显示对比得出的遗漏内容；问题显示开启后，可以借助语音识别对比的结果，汇总、输出跟读存在的问题。

借助此功能模块，可以提升听辨的效果，克服语速过快、口音等带来的听辨困难；此模块的辅助功能可以解决跟读练习过程中造成认知障碍的问题，比如专业术语、专业名词、缩略语、长句等，以减轻跟读过程中的认知负荷；此模块还有助同步听说技能的养成和听辨理解过程中意义单位的控制；此模块还可以训练最佳的跟读节奏，监督、控制、提升跟读过程中的发音；根据语言对、语言结构特点、信息密度和理解难度、自己的语言能力找到最佳的 EVS。

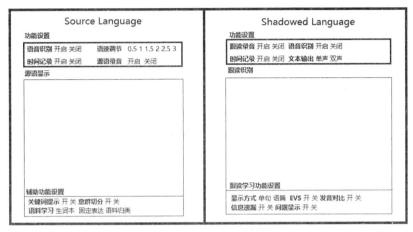

图 7-3　CAIT 同声传译影子练习辅助训练界面

此模块源语识别的环节也会存在准确率的问题，可以在源语听辨的基础上确定一个准确的版本，之后将此版本为参考输入后台，让机器以此为基础结合语音识别的结果快速统计在源语播放和跟读环节语音识别的准确率、单句完整度、双语对齐程度等，也可以据此给学生的跟读快速评分，以供参考。

跟读练习不是机械的跟读，而是理解意义单位及其之间逻辑关系的基础上实现的跟读。此模块有助于学生养成基于理解的跟读。模块中记录的时间信息可以帮助学生译员找出跟读失败的原因，清楚地定位是听、说注意力分配问题还是听辨过程中遇到的理解问题抑或跟读过程中语言表达不简洁明了、说话方式问题等。

4. 对视译训练的辅助功能

视译是进阶同传前的准备训练阶段，训练意图在于：其一，同步理解与表达，理顺理解与表达之间的关系，根据需要动态调整精力分配；其二，结合语言特征，完成语言转换，灵活运用转换策略；其三，语言理解与译语输出达到高度自动化的程度；其四，监控译语输出，动态调整。

169

　　相对于同声传译，视译训练通过视觉信号输入，有文字体现，借助上下文展开推理，文字的存现时间在工作记忆中留存的时间比听觉略微长久，让语言输出过程有一定的支撑，语言文字的存在会给译文输出带来便利，同步理解、表达时有一定的参考，相对于在线同传的同步性会略有差异。

　　练习的关键在于读懂（一个或几个意义单位）后输出，认知层面学生会尽可能规避同步译1/视2→译2/视3，而是视1→译1→视2→译2，与此同时尽可能保持语言的连贯，在语言输出过程中对语言的注意力更集中、认知监控更精细。学生在翻译过程中，由于语言结构不同，经常造成逻辑问题，致使学生翻译后出现后悔的现象。

　　视译文本的呈现方式对于视译至关重要。视译的理解过程是个线性推进的过程，视译文本阅读的时间是有限的，可以借助ICTs技术让视译文本滚动呈现，可以以单句形式出现，也可以以语篇的形式出现，具体存现时间可以根据需要和学生能力来设置。

　　借助机器翻译和AI同传可以针对视译过程中出现问题，给予针对性的帮助。针对原文中的长句，可以借助机器翻译断句技术分，对源语进行意群切分，对需要进行的特殊逻辑结构进行标记、提示，如后置结构、倒装结构、介词结构等，以帮助学习者提前预判，提高翻译速度，行文更流畅。针对文本中的关键词、术语、难点等进行拓展性提示。也可以选择展现机器翻译的译文，辅助视译效果，帮助学生解决信息难度大、专业性强等特点。利用AI同传中语音识别功能对译语输出，进行誊写转录，监控译语输出质量、语音、语调和节奏控制，方便译文质量对比。

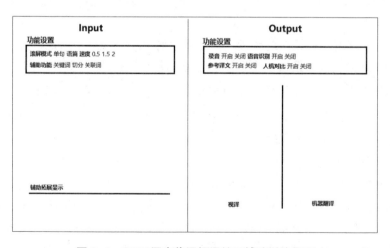

图7-4　CAIT同声传译视译练习辅助训练界面

5. 对同传练习的辅助功能

AI 同传对同传练习的辅助作用可以体现在听辨、理解与表达的各个环节，有助于缓解同步听说所造成的压力。

同传练习过程中听辨、听懂源语信息是口译的前提。AI 同传的语音识别和同步呈现功能可以在这方面提供很大的帮助。Setton 研究指出，同传译员的理解过程是个多重语用信息的整合过程。听辨过程中，辅之于有质量瑕疵的译文相对于单独的听辨理解更能促进口译译员的理解。对于学生译员有选择性的呈现有益于理解的文字信息，会促进学生的听辨理解。

口译活动的特殊性在于都依托一定的专业领域进行。学生译员开始某一主题训练前需要认真地译前准备，准备的范围包括专有名词、缩略语、术语、语篇结构类型等。机器翻译前期测试表明，机器翻译在术语、专名翻译等方面可以大大减少译员的准备时间、提升准备效率。

数字翻译、开头和结尾是口译的难点，借助 AI 同传可以提高这方面的准确性。

AI 同传的语音识别功能也可以将译员的译文记录，跟踪同传的练习过程，将输出话语与输入话语按照时间节点对齐，方便学生的译后分析研究，查找问题，提高同声传译练习的效果。

在同传单项技能练习过程中，如顺句驱动、归纳、概述等中的具体应用，启示原文中的关键词、关联词和信息点，方便策略应用。

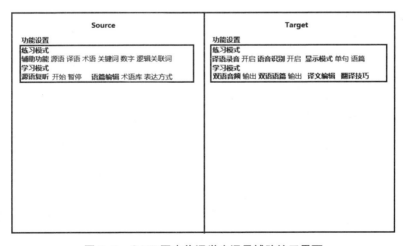

图 7-5　CAIT 同声传译学生译员辅助练习界面

6. 对同传实践的辅助功能

同传实战过程中，译员的认知负荷较大。同传过程中在无稿同传的前提下信息会有一定比例的丢失，源语 100% 听辨有一定困难。同传过程中压力主要来自讲话人话语含糊、语速快、语音重、专业性强、信息密度大等问题。译员的认知缺陷在于面对信息密集的信息出现精力耗费大、认知资源不足的情况。

同声传译最大的调整在于同步的输入和输出，中译外过程中理解困难少，表达困难增加，译语提取困难，外译中的过程中，外语的听取占据很大的困难，听懂后表达占据的精力相对较少。此外，个别情况下，在同声传译开始前很短的时间内才能收到要翻译的稿件，以至于准备仓促，没有充足的时间和精力。

有稿同传的情况下，译员可以按照会议议程将待译稿件通过手机拍照、扫面等形式将文档上传，进行 OCR 识别，并完成快速翻译，被允许再编辑并确定最终译文；在传译过程中，译员可以设定适合自己的呈现方式。

面向职业译员的同声传译辅助系统在同声传译实战过程中，可以侧重在译前、译后资料和知识的积累，尤其是在译前准备过程中或者在应急突发事件的处理。如临时稿件的快速预处理，手机拍照扫描、上传，对文内专有名词、术语、关键词的迅速提取，背景知识的迅速关联和激活，信息架构的快速网状呈现等。对关键信息，如数字的提取，借助词频对关键词的提炼，专业知识的补充以辅助译员的长期记忆，并展示附带信息等。特殊语音的单语识别和参考译文的呈现，高密度信息的识别呈现等。

同传过程中可以借助 AI 同传的功能设立辅助听说的功能，主要针对同传过程中出现的语音过重、语速过快所造成的不能理解的极端现象。还可以针对口译过程中耗费译员较大精力、较为固定的关键词、术语、关联词、数字等根据译员的需要有选择性的提示。也可以对意群进行切分，帮助译员更好地把握讲话人员的讲话思路。

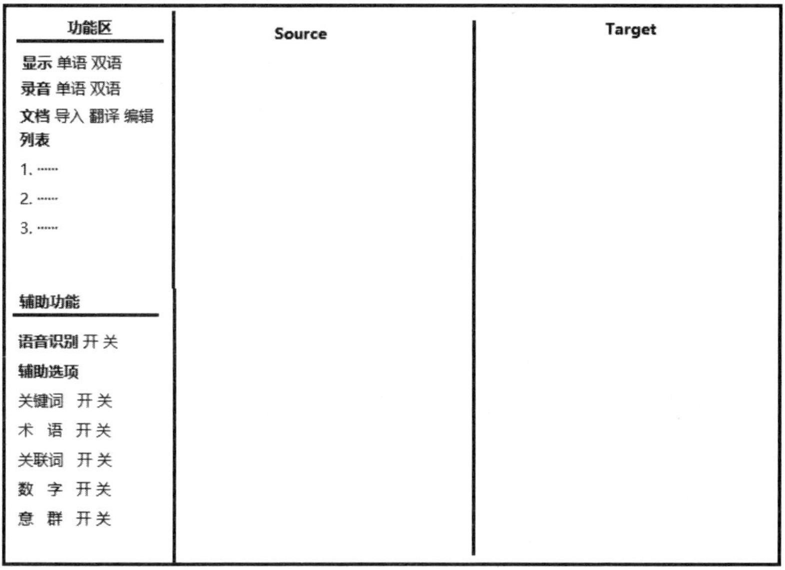

功能区	Source	Target
显示 单语 双语		
录音 单语 双语		
文档 导入 翻译 编辑		
列表		
1. ······		
2. ······		
3. ······		
辅助功能		
语音识别 开 关		
辅助选项		
关键词　开 关		
术　语　开 关		
关联词　开 关		
数　字　开 关		
意　群　开 关		

图 7-6　CAIT 同声传译职业译员辅助界面

第八章

交传和同传辅助训练平台共享用户界面研究

本章集中介绍会议口译（包括交替传译和同声传译）的共享模块，包括个人界面的框架结构以及体现个性学习、终身学习和协作学习三大学习模式不同模块的功能设计。

第一节　框架结构

个人界面包括注册信息、学习档案、个人图书馆和虚拟学习社区四部分。

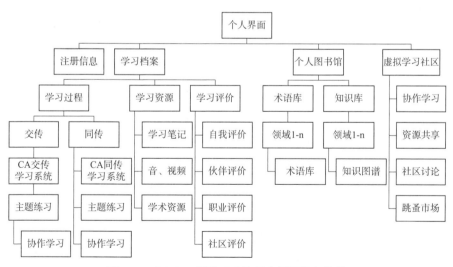

图 8-1　CAIT 口译学习系统用户界面框架结构

此模块的主要任务是记录并呈现学生登陆学习平台以来所有的学习活动，包括学习内容、学习时长等。在专业技能学习上，学习是个进阶的过程，学生只有经过固定时长的学习或者通过子技能的测试方可解锁并进入下一进阶。每个子技能学习过程都有详细记录，主要包括学习档案、专题积累、学习资源三部分，学习档案记录学生已练习的主题、技能层级等；专题积累包括学生词汇、表达方式的积累；学习资源包括语料上传、语料收藏。

第二节　个性化学习：学习档案

借助云平台技术可以清晰地记录学生的学习过程、不同技能训练所用的时间、学习过程中出现的问题、学习过程中所实现的知识积累，帮助学生提高学习的计划性、目标性和进阶性，巩固学生学习的阶段性成果，有效推进专业技能的学习。

个性化学习展示的平台与交替传译云平台架构直接关联。学生可以通过用户界面，找到自己练习过的子技能模块以及在这些子技能模块找到自己学习的记录以及积累的语料。系统仅对已有学习活动的模块解锁，并增加练习时长、个人评价以及不同模块学习过程中生成或者上传的音、视频。

学习资源主要包括学术讲座及学术资源分享。其内容是引导学生定期在平台分享口译相关的名家讲座及学术资源，供练习者参考。设置"意见与建议箱"或"投票"，收集练习者对于讲座内容及资源方面的要求，作为讲座及资源选择的方向。该目标在于为平台练习者提供专业领域内的信息，提高练习者参与积极性。

学习评价主要包括学生译员的自我评价与反思、伙伴互评、职业评价和社区评价四部分。

自我评价是指练习者在完成一次口译练习后，通过复听原文与自己的练习译文，按照系统给出的评价标准分项给自己打分。评价目标是让练习者不再盲目练习，客观发现自身问题，以此明确未来练习的着力点。反思具体指在完成某一阶段的口译训练或是达到一定的练习量后，要求练习者完成自我反思日志。反思内容包括阶段能力是否达成、阶段学习取得的进步及存在的困难、学习感悟等。反思的目标在于培养练习者定期反思阶段学习的习惯，做到温故知新，为后续的练习明确方向。

伙伴互评是指平台练习者以用户身份登录进行口译学习及训练，可互相加为好友，完成口译练习后可邀请好友来评价，评价仍按照自评评价标准进行打分。可设计评价奖励以鼓励练习者多关注其他练习者的口译学习，增强互动性。同时设置排行榜，以他评的平均成绩作为排名依据，靠前者可获得相应权利及奖励。其目标在于扩大练习者的视野，从他人处取长补短，互相学习，增强平台互动性及学习趣味性。

职业评价是指由口译教师、资深口译员评价。定期邀请高校口译教师或资深口译员对练习者的译文进行评价。评价全部内容将公布，所有练习者均可参考。该功能的目标在于使练习者能够明确职业口译的标准，接触职业口译，培养兴趣，树立目标，使获得评价的练习者得到有效的指导。同时，旁观练习者也可以从中获益。

社区评价是指在社区交互过程中，其他用户对学习者做出的评价，主要从诚信度、能力水平、爱心度等方面来量化。评价的目标在于增进译员的职业意识和诚信培养，促进社区范围内的有效互动。

第三节　终身学习：个人图书馆

针对译前准备和译后阶段，学生译员和职业译员可以借助平台存储不会存在泄密风险的文档、术语，构建自己个人的知识库和图书馆，以实现同一主题知识的积累和不同主题知识的积累，为培养自己的优势领域奠定基础，方便后续调用和知识积累。术语库和图书馆可以按照主题将术语和关键词等分类存储，避免重复练习。学生同时对自己的技能进行反思、理论总结，有效提升自己的练习能力，将实践与理论更好地结合起来。

知识库以某一主题范围内概念系统和知识图示的构建和完善为依托，依托思维导图的软件架构来实现。学生或职业译员可以根据需要创建主题模块，随着学习和实践的积累编辑已有概念系统和思维导图，也可以以知识图示和双语平行术语的形式根据实际需要导出文档。

个人图书馆可以提供多模态模式的接入，如图片、语音、视频等信息，将学习、实践过程中的资料、笔记、反思等按主题进行分类存储，方便在线学习、使用。学生可以根据需要创建主题。为了与子技能学习过程中的音、视频练习语料分开，此处的音、视频仅限教学、教辅等非口译练习类语料。

第四节　协作学习：虚拟学习社区

协作学习是此平台最底层的基本学习模式，与自主练习相辅相成，意图在于让练习者邀请好友组成学习小组，进行线上模拟口译。平台可提供多种口译场景模式供小组选择，场景模式包括主题、参与者、讲话原文。小组成员自行按给定场景分配角色，在线视频进行模拟口译，一轮过后，讲话人与译员角色互换。小组成员以在线视频的方式完成模拟练习。非小组成员练习者可以旁观（参考直播模式）。模拟结束后小组组织讨论与评价（不限于口译质量，而是综合评价，如译员仪态姿态等），非小组成员练习者可留言，参与讨论与评价。协作学习的目标在于将练习者带入较为真实的情景中练习，帮助练习者熟悉工作场景，培养练习者处理各种突发情况的能力，不断完善练习者的综合口译能力。

社区讨论的意图在于开辟交流论坛，供练习者交流心得体会、分享学习资源。可参考"知乎"模式，练习者可在论坛中提问，并邀请等级较高的练习者来回答，回答问题也可以获得相应的奖励。该模块要达到的目标是增强平台互动性，鼓励练习者互相学习、资源共享、共同进步。

资源共享是指具备一定专业技能的人分享自己的职业技能、学习经验、知识库、术语库等，并提供问答与释疑。内容平台定期进行练习者问题的收集、整理与评选工作，并邀请专业人士为练习者答疑解惑。问题的选取可从论坛中关注度较高的问题中选取，或请练习者参与投票，选出答疑主题。根据练习者的论坛等级等标准，每期选出 2~3 位练习者作为代表与专业人士就主题进行直接交流（在线视频），全过程向平台所有练习者公开，旨在解决练习者遇到的共同问题，使练习者通过接触职业人士对口译职业有全面、深刻、立体的理解。

跳蚤市场允许用户发布自己的专家技能、口笔译服务相关的信息。

结束语

　　本书旨在探索口译技能的组成和阶段化发展规律的前提下，结合 ICTs 技术环境下的学习特点和学生译员的认知发展规律，系统构建 ICTs 技术环境下的计算机辅助口译学习系统。

　　围绕此目标，研究了 ICTs 技术的定义及其在口译教学和口译实践的应用，探索了口译训练软件、网络实训平台和虚拟现实口译训练系统三类主要的口译教学软件与平台的特点和不足，研究了 ICTs 技术环境下口译学习模式和教师角色的变化、口译语料的存储和使用方法、口译在线学习模块的设计原则和 CAIT 系统构建的基本原则，探究了口译认知的心理过程及其认知技能训练的理据与可能的方法，构建了口译认知技能训练的云平台架构。我们还以学术类语篇、商务类语篇和旅游类语篇为研究对象，探究了机器翻译和 AI 同传译文质量的评估方法、现有水平、主要问题及其应用情景和交互界面。之后，我们分别研究了交替传译和同声传译的技能构成及其练习途径，并在此基础之上构建了交替传译和同声传译进阶训练的云平台架构，还结合机器翻译和 AI 同传技术优势探究了交、同传的辅助训练功能。最后，阐述了以个性化学习和终身学习为特色的交互界面。

　　本书最终实现了基于云平台和机器翻译的计算机辅助交替传译和同声传译学习系统的构建。该系统遵循开放性、个性化学习和合作学习的原则，将认知技能训练融入练习过程，将语料积累与在线学习有机整合在一起。系统突出口译技能的职业化特点，将交替传译和同声传译技能按照职业口译教学过程进行分解，通过简易、高效的操作平台达到快速习得的目的。平台以构建不同群体的语言学习社区为出发点，充分发挥不同群体的所掌握的语言优势和专家技能，让不同群体在平台上发挥自己特长、多元互动。辅助平台结合机器翻译的最新成果，根据译员学习和实践过程中的实际需要，精准定位认知需求，力求实现智能化，提供准确、高效、人性化的内容辅助。

　　研究的不足之处在于，论著中所涉及的口译认知、技术辅助交传和同传教学等属于多学科交叉研究的前沿领域，本书内所展开的研究还比较有限，有待深入发掘，平台的搭建需要借助资金、技术支持和多方合作来最终实现。

参考文献

百家号. 2018. 揭秘进博会同声传译背后: 除了翻译员之外, 还有机器人! 源自 http://china.huanqiu.com/article/2018-11/13471485.html?agt=15438. 检索日期, 2018 年 11 月.

陈津. 2018. 机器翻译时代人工译者身份的再认识. 湖州师范学院学报 (3), 92-96.

陈永明, 彭瑞祥. 1985. 汉语语义记忆提取的初步研究. 心理学报 (2), 50-57.

崔启亮. 2014. 论机器翻译的译后编辑. 中国翻译 (6), 68-73.

崔启亮, 李闻. 2017. 译后编辑错误类型研究: 基于科技文本英汉机器翻译. 中国科技翻译 (4), 19-22.

戴惠萍. 2014. 交替传译实践教程 (上), 教师用书. 上海: 上海外语教育出版社.

邓轶, 刘莹, 陈菁. 2016. 口译基础. 上海: 上海外语教育出版社.

电科技. 2018. 搜狗讯飞分获 IWSLT2018 评测第一, 到底哪个冠军更有分量. 源自 http://m.techweb.com.cn/article/2018-11-02/2710533.shtml. 检索日期, 2018 年 11 月.

丁往道. 1962. 英语插入语的修辞作用. 外语教学与研究 (1), 48-50.

范冠艳. 2018. 机器翻译在档案学科的应用研究: 以 ITrust 北美团队最新学术成果为例. 档案学研究 (3), 114-120.

冯全功, 崔启亮. 2016. 译后编辑研究: 焦点透析与发展趋势. 上海翻译 (6), 67-74, 89, 94.

冯全功, 高琳. 2017. 基于受控语言的译前编辑对机器翻译的影响. 当代外语研究 (2), 63-68, 87, 110.

冯全功, 李嘉伟. 2016. 新闻翻译的译后编辑模式研究. 外语电化教学 (6), 74-79.

冯全功, 张慧玉. 2015. 全球语言服务行业背景下译后编辑者培养研究. 外语界（1），65-72.

高海波 . 2018. 机器翻译在大学英语精读课堂教学中的应用研究 . 黑河学院学报（4），120-121.

郜阳 . 2018. 人机耦合究竟指啥？对翻译学子而言，引入 AI 是否"引狼入室"？新民晚报，2018-11-09.

郭高攀，王宗英 . 2017. 机器翻译的译前与译后编辑在科技文本翻译中的探究 . 浙江外国语学院学报（3），76-83.

何高大 . 2003. 论虚拟认知外语学习环境 . 外国语文（3），150-153.

胡壮麟 . 1996. 语法隐喻 . 外语教学与研究（4），74-80.

黄河燕 . 2018. 浅析语言智能处理在电信客服领域的应用 . 电信工程技术与标准化（1），1-4.

康志峰 . 2012. 立体论与多模态口译教学 . 外语界（5），34-41.

科大讯飞 . 2018. 科大讯飞再获国际口语机器翻译评测大赛世界第一 . 源自 https://www.sohu.com/a/272318743_336009. 检索日期，2018 年 11 月 .

克雷格 . 2018. 科大讯飞回应：没有单一 AI 同传 . 源自 https://www.sohu.com/a/255445812-47383. 检索日期，2019 年 3 月 .

孔祥军 . 2006. 一般自我效能感、工作记忆容量对记忆监测的影响 . 曲阜师范大学 .

李建勋 . 2017. 计算机辅助翻译教学模式与翻译实践（PPT）. 2018 京津冀 MTI 教育教学研讨会，2017 年 11 月 19 日，对外经济贸易大学 .

李梅，朱锡明 . 2013. 译后编辑自动化的英汉机器翻译新探索 . 中国翻译（4），83-87.

林小木 . 2013. 计算机辅助英译汉口译实证研究 . 山东师范大学 .

刘和平 . 2011. 翻译能力发展的阶段性及其教学法研究 . 中国翻译（1），37-45.

刘梦莲（2010）. 计算机辅助口译自主学习研究 . 华南师范大学 .

刘梦莲（2011）. 计算机辅助口译自主学习理论模型构建 . 外语电化教学（5），38-42.

罗华珍，潘正芹，易永忠 . 2017. 人工智能翻译的发展现状与前景分析 . 电子世界（21），21-23.

罗慧芳，任才淇 . 2018. 本地化和机器翻译视角下的对外文化传播 . 中国科技翻译（2），24-26，54.

吕雅娟 . 2012. CWMT 机器翻译评测回顾与展望，第八届全国机器翻译研讨会（CWMT 2012），西安理工大学 .

苗菊 . 2006. 西方翻译实证研究二十年（1986–2006）. 外语与外语教学（5），45-48.

任文 . 2009. 交替传译 . 北京：外语教学与研究出版社 .

任文 . 2012. 英汉口译教程 . 北京：外语教学与研究出版社 .

邵志明 . 2014. 语音检索中识别错误处理研究 . 北京邮电大学 .

宋娟，吕勇 . 2006. 语义启动效应的脑机制研究综述 . 心理与行为研究（1），75-80.

王斌华 . 2009. 基础口译 . 北京：外语教学与研究出版社 .

王晶杰 . 2017. 基于 Google 机器翻译译文的测评 . 戏剧之家（6），287.

王萍 . 2016. 机器翻译下预编辑和译后编辑在文史翻译中的作用 . 山东师范大学 .

王婉琦 . 2018. 人工智能在语言服务业中的应用现状与前景研究 . 南方论刊（5），22-23.

王湘玲，贾艳芳 . 2018. 21 世纪国外机器翻译译后编辑实证研究 . 湖南大学学报（社会科学版）（2），82-87.

魏长宏，张春柏 . 2007. 机器翻译的译后编辑 . 中国科技翻译（3），9，22-24.

吴建清 . 2018. 浅析机器翻译中的译者主体性 . 校园英语（3），224-225.

肖史洁，周文革 . 2018. 论 MTI 培养方案增设译后编辑课程 . 海外英语（1），112-113，117.

徐彬，郭红梅 . 2015. 基于计算机翻译技术的非技术文本翻译实践 . 中国翻译（1），71-76.

许迪 . 2016. 汉译英译后编辑的策略研究——基于时政类文本机器翻译 . 语文学刊（11），18-19.

杨承淑 . 2003. 口译网络教学：实证课堂与虚拟平台的互动关系 . 翻译学研究集刊（8），123-199.

张吉良 . 2004. 同声传译的自我训练途径 . 中国翻译（5），82-85.

仲伟合 . 2001a. 口译训练：模式、内容、方法 . 中国翻译（2），31-32.

仲伟合 . 2001b. 英汉同声传译技巧与训练 . 中国翻译（5），39-43.

祝朝伟 . 2018. 机器翻译要取代作为人的译者了吗？——兼谈翻译人才培养中科技与人文的关系 . 外国语文（3），101-109.

庄培妮 . 2018. 浅析机器翻译与法律翻译的兼容性 . 校园英语（2），236.

邹德艳，刘风光 . 2012. 论联络口译中译员的角色 . 长春师范学院学报（7），34-37.

AIIC (Association Internationale des Interprètes de Conférence) (2000a). Code for the use of new technologies in conference interpretation. http://www.aiic.net/community/print/ default.cfm/page120. Accessed April 2019.

AIIC (Association Internationale des Interprètes de Conférence) (2000b). Guidelines for remote conferencing. http://aiic.net/p/143. Accessed April 2019.

Benhaddou, A. (2002). *Video conference and interpretation*. Mémoire de DEA. Université de Mons Hainault.

Biau G., José R. & A. Pym. (2006). Technology and translation (a pedagogical overview). In A. Pym, A. Perekrestenko and B. Starink (eds.), *Translation Technology and Its Teaching*(pp.5-19). Tarragona: Universistat Rovira I Virglili. http://isg.urv.es/library/papers/ BiauPym_Technology.pdf. Accessed March 2007.

Blasco M. & María J. (2005). El reto de formar intérpretes en el siglo XXI. *Translation Journal* (9), 1. http://accurapid.com/journal/31interprete2.htm. Accessed March 2007.

Braun, S. (2004). *Kommunikation unter widrigen Umständen? Fallstudien zu einsprachigen und gedolmetschten videokonferenzen*. Tübingen: Narr.

Carabelli, A. (1999). Multimedia technologies for the use of interpreters and translators. *The Interpreters' Newsletter* (9), 149-155.

Cassidy, T. (1999). *Stress, cognition, and health*. London: Routledge.

Cervato, E. & D., de Ferra (1995). Interprit: A computerised self-access course for beginners in interpreting. *Perspectives: Studies in Translatology* (2), 191-204.

Christoffels, I. K., A. M. B., de Groot, & L. J. Waldorp. (2003). Basic skills in a complex task: A graphical model relating memory and lexical retrieval to simultaneous interpreting. *Bilingualism: Language and Cognition* (6), 201-211.

Christoffels, I. K., & A. M. B., de Groot. (2004). Components of simultaneous interpreting: Comparing interpreting with shadowing and paraphrasing. *Bilingualism: Language and Cognition*, *7*(3), 227-240. http://dx.doi.org/10.1017/S1366728904001609. Accessed March 2019.

Christoffels, I. K., A. M. B., De Groot & J. F. Kroll. (2006). Memory and language skills in simultaneous interpreting: Expertise and language proficiency. *Journal of Memory and Language* (54), 324-345.

Chung, H. & T. Lee. (2004). Undergraduate level interpreter training using a multi-media language laboratory. *Conference Interpretation and Translation* 6(2), 127-150.

Class, B., Moser-Mercer, B. & K. Seeber (2004). Blended learning for training interpreter trainers, In D. Remenyi (ed.), *3rd European Conference on E-learning, Paris, 25-26 November 2004*(pp.507-515). Reading, Academic Conferences.

Daneman, M., & Carpenter, P. A. (1980). Individual differences in working memory and reading. *Journal of Verbal Learning & Verbal Behavior 19*(4), 450-466.

Daneman, M., & Merikle, P. M. (1996). Working memory and language comprehension: A meta-analysis. *Psychonomic Bulletin & Review* (3), 422-433.

Darò V., & Fabbro F. (1994). Verbal memory during simultaneous interpretation: Effects of phonological interference. *Applied Linguistics 15*(4), 365-381.

De Groot, A. M. B., Dannenburg, L., & Van Hell, J. G. (1994). Forward and backward translation by bilinguals. *Journal of Memory and Language* (33), 600–629.

De Groot, A. M. B. (1997). The cognitive study of translation and interpretation, In J. H. Danks, G. M. Shreve, S. B. Fountain and M. K. McBeath (eds.), *Cognitive Processes in Translation and Interpreting*(pp.25-56). Thousand

Oaks-London-New Delhi: Sage.

De Groot, A. M. B. (2000). A complex-skill approach to translation and interpreting. In S. Tirkkonen-Condit & R. Jääskeläinen (eds.), *Tapping and Mapping the Processes of Translation and Interpreting*(pp.53-68). Amsterdam: John Benjamins.

De Manuel Jerez, J. (ed.) (2003). *Nuevas tecnologías y formación de intérpretes.* Granada: Atrio.

De Manuel Jerez, J. (2006). *La incorporación de la realidad professional a la formación de intérpretes de conferencias mediante las nuevas tecnologías y la investigación-acción.* Granada: Universidad de Granada.

Delisle, J. (1993). *La traduction raisonnée: Manuel d'initiation à la traduction professionnelle de l'anglais vers le français.* Ottawa: Presses de l'Université d'Ottawa.

Diana B. I. (2010). *Information and communication technologies in conference interpreting.* Tarragona: Universistat Rovira I Virglili. http://www.tdx.cat/bitstream/10803/8775/1/tesi.pdf. Accessed June 2017.

Dillinger, M. (1989). *Component processes of simultaneous interpreting.* Department of Educational Psychology, McGill University.

Djoudi, N. (2000). *Evaluierung des automatischen Dolmetschers: Talk and translate.* Germersheim/Mainz: Johannes Gutenberg–Universität.

Durand, C. (2005). La relève—The next generation: The results of the AIIC project. *Communicate 11*(12), 2076. www.aiic.net. Accessed December 2013.

Ericsson, K. A. (1993). Deliberate practice : USC institute for creative technologies. projects.ict.usc.edu/itw/gel/EricssonDeliberatePracticePR93.pdf. Accessed April 2018.

Ericsson, K. A. (2004). Deliberate practice and the acquisition and maintenance of expert performance in medicine and related domains. *Academic Medicine 79*(10), 70-81.

Esteban Causo, J. A. (1997). Interprétation de conférence et nouvelles technologies. *Terminologie et Traduction—Revue des Services Linguistiques des Institutions Européennes* (3), 112-120.

Esteban Causo, J. A. (2000). Les nouvelles technologies: Le point de vue du SCIC. *Communicate*. March-April 2000. www.aiic.net. Accessed May 2016.

Esteban Causo, J. A. (2003). La interpretación en el siglo XXI: Desafíos para los profesionales y los profesores de interpretación. In J. de Manuel Jerez (coord)., *Nuevas Tecnologías y Formación de Intérpretes*. (pp.143-185). Granada: Editorial Atrio.

Fabbro, F. & L. Gran (1994). Neurological and neuropsychological aspects of polyglossia and simultaneous interpretation. In Lambert & Moser-Mercer (eds.), *Bridging the Gap: Empirical Research in Simultaneous Interpretation*(pp.273-317). Amsterdam and Philadelphia: John Benjamins.

Gile, D. (1989). Perspectives de la recherche dans l'enseignement de l'interprétation". In L. Gran and J. Dodds (eds.), *The Theoretical and Practical Aspects of Teaching Conference Interpretation*(pp.27-33). Udine: Campanotto Editore.

Gile, D. (1991). Methodological aspects of interpretation (and translation) research. *Target 3*(2), 153-174.

Gile, D. (1995). *Basic concepts and models for interpreter and translator training*. Amsterdam and Philadelphia: John Benjamins.

Gile, D. (1997). Conference interpreting as a cognitive management problem. In J. H. Danks, G. M. Shreve, S. B. Fountain, and M. K. McBeath (eds.), *Cognitive Processes in Translation and Interpretation*(pp.196-214). London: Sage.

Gollan, T. H., Forster, K. I., & Frost, R. (1997). Translation priming with different scripts: Masked priming with cognates and noncognates in Hebrew-English bilinguals. *Journal of Experimental Psychology: Learning, Memory, and Cognition 23*(5), 1122-1139.

Hamidi, M. & F. Pöchhacker. (2007). Simultaneous consecutive interpreting: A new technique put to the test. *Meta 52*(2), 276-289.

Herbert, J. (1952). *The interpreter's handbook: How to become a conference interpreter*. Genève: Librarie de l'Université, Georg.

Heynold, C. (1995). *Videoconferencing—a close-up*: Commission Européenne: Les cahiers du SCIC No. 1.

Jekat, S. & A. Klein. (1996). Machine interpretation: Open problems and some solutions. *Interpreting 1*(1), 7-20.

Jiménez Serrano, O. (2003). La formación de intérpretes profesionales ante las nuevas tecnologías. In J. de Manuel Jerez (Coord.), *Nuevas Tecnologías y Formación de Intérpretes*. Granada: Editorial Atrio.

Jonassen, D. H. & S. M. Land. (2000). *Theoretical foundations of learning environments.* Mahwah, New Jersey: Lawrence Elbaum Associates.

Kalina, S. (2009). Dolmetschen im wandel – neue technologien als chance oder risiko. In Übersetzen in die Zukunft. *Herausforderungen der Globalisierung für Dolmetscher und Übersetzer. Tagungsband der Internationalen Fachkonferenz des Bundesverbandes der Dolmetscher und Übersetzer e.V. (BDÜ)*, Berlin, 11.

Kiraly, D. C. (1997). Think-aloud protocols and the construction of a professional translator's self-concept. In Danks, J. H., Shreve, G. M., Fountain, S. B., Mcbeath, M. K. (eds.), *Cognitive Processes in Translation and Interpreting*(pp.137-160). Thousand Oaks, CA: Sage.

Kroll, J. F. & E. Stewart (1994). Category interference in translation and picture naming: Evidence for asymmetric connections between bilingual memory representations. *Journal of Memory and Language*, 33, 149-174.

Kurz, I. (2002). Conference interpretation: Expectations of different user groups. In F. Pöchhacker and M. Shlesinger (eds.), *The Interpreting Studies Reader*(pp.13-21). London and New York: Routledge.

Luccarelli, L. (2000). AIIC thinks training: Interview with Barbara Moser-Mercer. *Communicate*, 1/2:44. Accessed April 2017.

Massaro, D., & Shlesinger, M. (1997). Information processing and a computational approach to the study of simultaneous interpretation. *Interpreting 2*(1/2), 13-53.

McBeath, K. (eds.) (1997). Cognitive processes in translation and interpreting. *Applied Psychology: Individual, Social and Community Issues.* (Vol. 3. pp.137-160). Thousand Oaks, CA: Sage.

Moser-Mercer, B. (1978). Simultaneous interpretation: A hypothetical model and its practical applications. In D. Gerver and H. W. Sinaiko (eds.), *Language Interpretation and Communication*(pp.353-368). New York: Plenum Press.

Moser-Mercer, B. (2005a). Remote interpreting: Issues of multi-sensory integration in a multilingual task. *Meta 50* (2), 727-728.

Moser-Mercer, B. (2005b). Remote interpreting: The crucial role of presence. *Bulletin Suisse de Linguistique Appliqué* (81), 73-97.

Motta, M. (2006). A blended tutoring program for interpreter training. In C. Crawford et al. (eds.), *Proceedings of Society for Information Technology & Teacher Education International conference 2006*(pp.476-481). Chesapeake, VA: AACE. http://www.editlib.org/p/22084. Accessed May 2018.

Mouzourakis, P. (1996). Videoconferencing: Techniques and challenges. *Interpreting 1*(1), 21-38.

Mouzourakis, P. (2006). Remote interpreting: A technical perspective on recent experiments. *Interpreting 8*(1), 45-66.

Nal K. & Phil B. (2013). Recurrent continuous translation models. *EMNLP 3*, 413.

Nida, E. A. (1964). *Toward a science of translating with special reference to principles and procedures involved in Bible translating.* Leiden: E. J. Brill.

Noraini I. G. (2011). *E-learning in interpreting didactics: Students' attitudes and learning patterns, and instructor's challenges.* Malaysia: Universiti Sains.

Paradis, M. (1994). Neurolinguistic aspects of implicit and explicit memory: Implications for bilingualism. In N. Ellis (ed.), *Implicit and Explicit Learning of Second Languages*(pp.393-419). London: Academic Press.

Pöchhacker, F. (1995). Simultaneous interpreting: A functionalist perspective. *Hermes Journal of Language and Communication Studies* (14), 31-53.

Pöchhacker, F. (1999). Teaching practices in simultaneous interpreting. *The Interpreters' Newsletter* (9), 157-176.

Pym, A., Carmina F., José R. B., & J. Orenstein. (2003). Summary of discussion on interpreting and e-learning. In A. Pym, C. Fallada, J. R. Biau, and J. Orenstein (eds.), *Innovation and E-Learning in Translator Training.* Tarragona: Intercultural Studies Group.

Sandrelli, A. (2003a). Herramientas informáticas para la formación de intérpretes: Interpretations y The Black Box. In J. de Manuel Jerez (Coord.), *Nuevas Tecnologías y Formación de Intérpretes*, (pp.67-112). Granada: Editorial Atrio.

Sandrelli, A. (2003b). New technologies in interpreter training: CAIT. In H. Gerzymisch-Arbogast, E. Hajičová & P. Sgall, Z. Jettmarová, A. Rothkegel and D. Rothfuß-Bastian (Hrsg.), *Textologie und Translation, Jahrbuch übersetzen und Dolmetschen 4/II*(pp.261-293). Tübingen: Gunter Narr Verlag.

Sandrelli, A. (2003c). El papel de las nuevas tecnologías en la enseñanza de la interpretación simultánea: Interpretations. In A. Collados Aís, M.M. Fernández Sánchez, E. M. Pradas Macías, C. Sánchez Adam & E. Stévaux (eds.), *La Evaluación de la Calidad en Interpretación: Docencia y Profesión*. Actas del I Congreso Internacional sobre Evaluación de la Calidad en Interpretación de Conferencias, Almuñécar, 2001(pp.211-223). Granada: Editorial Comares.

Sandrelli, A. (2005). Designing CAIT (Computer-Assited Interpreter Training) tools: Black Box. In MuTra—Challenges of Multidimensional Translation, Saarbrücken 2-6 May 2005. *Conference Proceedings—EU High Level Scientific Conference Series. Proceedings of the Marie Curie Euroconferences.* http://www.euroconferences.info/proceedings/2005_Proceedings/2005_Sandrelli_Annalisa.pdf. Accessed November 2017.

Sandrelli, A. & de Manuel Jerez, J. (2007). The impact of information and communication technology on interpreter training: State-of-the-art and future prospects. *The Interpreter and Translator Trainer* (ITT) *1*(2), 269-303.

Schweda-Nicholson, N. (1985). Consecutive interpretation training: Videotapes in the classroom. *Meta 30*(2), 148-154.

Seeber, K. (2006). SIMON: An online clearing house for interpreter training materials. In Caroline M. Crawford, Roger Carlsen, Karen McFerrin, Jerry Price, Roberta Weber, Dee Anna Willis (eds.), *Proceedings of SITE 2006* (pp.2403-2408). Chesapeake, VA: AACE.

Séguinot, C. (1997). Accounting for variability in translation. In Danks, J. H.,

Shreve, G. M., Fountain, S. B., Mcbeath, M. K. (eds.), *Cognitive Processes in Translation and Interpreting*(pp.104-119). Thousand Oaks, CA: Sage.

Seleskovitch D. (1975). *Langage, langues et mémoire. Étude de la prise de notes en interprétation consécutive.* Paris : Minard Lettres Modernes.

Service, E., Simola, M., Metsaenheimo, O., & Maury, S. (2002). Bilingual working memory span is affected by language skill. *European Journal of Cognitive Psychology* (14), 383–407.

Setton, R. (1999). *Simultaneous interpretation: A cognitive-pragmatic analysis.* Amsterdam and Philadelphia: John Benjamins.

Setton, R. (2002). Deconstructing SI: A contribution to the debate on component processes. *The Interpreters' Newsletter*(11), 1-26.

Shreve, G. M. (1997). Cognition and the evolution of translation competence. In J. H. Danks, G. M. Shreve, S. B. Fountain, & M. K. McBeath (eds.), *Cognitive Processes in Translation and Interpreting*(pp.120-136). Thousand Oaks, CA: Sage.

Stoll, C. (2002). Dolmetschen und neue technologien. In J. Best and S. Kalina (eds.), *Übersetzen und Dolmetschen in Praxis und Lehre*(pp.1-8). Tübingen: UTB Francke.

Stoll, C. (2009). *Moving cognition upstream—workflow and terminology management for professional conference interpreters.* Ruprecht-Karls University, Heidelberg.

Tella, S., Sanna V., Anu V., Petra W. & Ulla O. (2001). *Verkko opetuksessa-opettaja verkossa.* Helsinki: Edita Oyj.

Torres del Rey, J. (2005). La interfaz de la traducción: Formación de traductores y nuevas tecnologías. In de Manuel Jerez, Jesús (ed.), *Nuevas Tecnologías y Formación de Intérpretes.* Granada: Comares.

Toury, G. (1995). *Descriptive translation studies and beyond.* Amsterdam and Philadelphia: John Benjamins.

Tzelgov, J., & Eben-Ezra, S. (1992). Components of the between-language semantic priming effect. *European Journal of Cognitive Psychology* 4(4), 253-272.

Varantola, K. (1980). On simultaneous interpretation. Turku: Publication of the Turku Language Institute.

Will, M. (2000). Bemerkungen zum computereinsatz beim simultandolmetschen. In S. Kalina, S. Buhl and H. Berzymisch-Arbogast (eds.), *Dolmetschen: Theorie-Praxis-Didaktik mit Ausgewählten Beiträgen der Saarbrücker Symposien.* St. Ingbert: Röhrig Universitätsverlag (Arbeitsberichte des Advanced Translation Research Center an der Universität des Saarlandes 1/2000).

附 录

附录一　表格目录

附录二　图表目录

附录三　口译进阶学习调查问卷（交传）

第一部分：背景调查

1. 您的学历是：＿＿＿＿＿＿＿＿＿＿＿＿＿＿＿＿＿＿＿＿＿＿＿

2. 您所学的专业是：＿＿＿＿＿＿＿＿＿＿＿＿＿＿＿＿＿＿＿＿＿

3. 您从事翻译工作的主要语种是：＿＿＿＿＿＿＿＿＿＿＿＿＿＿＿

4. 您所获得的有关外语的资格证书，如外语登记证书、口笔译资格证
书等＿＿＿＿＿＿＿＿＿＿＿＿＿＿＿＿＿＿＿＿＿＿＿＿＿＿＿

5. 您是否拥有笔译工作的经验？ 如有，请回答第 6 题，如无请直接跳
至第 9 题。

6. 您翻译工作涉及的主要领域为（可多选）：

　　a. 外事外交类（政府公文、领导讲话、致辞、地方简介、往来信函等）

　　b. 科技类（航空航天、电子、机械、信息技术、能源环保）

　　c. 文教类（新闻、广告、报纸、杂志、广播、教育）

　　d. 经济类（金融、保险、经贸、旅游）

　　e. 法律类（合同、法规条例、商标、专利、行业标准）

　　f. 文学类（小说、电影、诗歌、散文、戏剧）

g. 实用类（应用文、函件、证件）

h. 其他 _____

7. 您从事翻译工作的经验年限为：_____

    a. 不足一年　　　　　　　d. 6~10 年

    b. 1~2 年　　　　　　　　e. 10 年以上

    c. 3~5 年

8. 您平均每月的翻译工作量为：_____

    a. 1 万字以下　　　　　　c. 5 万 ~10 万字

    b. 1 万 ~5 万字　　　　　d. 10 万字以上

9. 您是否拥有口译工作的经验？ 如有，请回答第 10 题，如无请直接跳至第 13 题。

10. 在口译实践过程中，您从事的主要口译形式有：

    a. 同声传译

    b. 交替传译（含电话口译、耳语翻译）

    c. 联络（或社区）口译（含陪同翻译）

11. 您翻译工作涉及的主要领域为（可多选）：

    a. 外事外交类（领导讲话、致辞、外国文化交流）

    b. 科技类（电子、机械、医药、化工、信息技术、能源、环保）

    c. 文教类（传媒、出版、广告、教育）

    d. 经济类（金融、保险、经贸、旅游、商务谈判）

    e. 法律

    f. 体育

    g. 其他 _____

    h. 您从事该领域的年限为：_____

12. 您平均每月的口译时数为：_____

    a. 10 小时以下

    b. 10~20 小时（包括 10 小时）

    c. 20~30 小时（包括 20 小时）

d. 30~40 小时（包括 30 小时）

e. 40~50 小时（包括 40 小时）

f. 50 小时以上（包括 50 小时）

13. 外语能力测评。评分范围为 1~5 分，分数由低到高，分数越高专业性及难度越大，5 分为满分（即可领悟语言的微妙之处、对复杂的题材亦无听说读写上的困难）。评分完毕后，请对您的听（从语音、语调、语速、主题等方面）、说（从词汇、句法、语速、流利等方面）、读（从词汇、句法、主题、体裁等方面）、写（从词汇、句法、主题、体裁等方面），进行客观描述。

表 1　外语水平自评表

	评分	请从各个层面描述您的听、说、读、写能力
听		
说		
读		
写		

14. 从下列各项能力中，请选出您认为是口译活动所必须的能力，并按照其重要性从左到右进行排序。

a. 听辨理解（或听取分析）能力

b. 短期记忆能力，长期记忆能力

c. 转换能力

d. 译语生成能力

e. 记笔记能力

f. 笔记信息读取能力

g. 认知能力

h. 交际能力

i. 决策抉择能力

j. 跨文化理解与转换能力

k. 百科知识

l. 语言能力

m. 脱离语言外壳（或释义意译）能力

n. 推理能力

o. 主题知识

15. 您希望该课程培训能给你带来哪方面的帮助？

第二部分：职业化意识调查

1. 您认为自己现在从事口笔译的职业化程度是：

   a. 职业化

   b. 半职业化

   c. 业余

2. 下面是口译实践过程中评价一个翻译职业化程度的具体指标，请根据您所认为的各项指标的重要性对其进行评分（满分 5 分，1 分到 5 分，重要性逐步增加）。

表 2　职业化素养自评表

具体指标	评分
a. 走路时，路径正确，姿态稳健大方，脚步轻重合适	
b. 站立时，站位准确，站姿正确，身体稳定	
c. 翻译时，目光坚定，保证眼神与对话人的交流	
d. 翻译时，表情自然，手势控制得体	
e. 翻译时，音量适中，音高适度，节奏平稳，吐字清晰	
f. 译员在翻译时，应做到服饰仪容检点，落落大方	
g. 译员在翻译时，不应喧宾夺主，艳压于人	
h. 译员在翻译时，遇到设备或环境不理想的情况，须具备应对和处理能力	

3. 在上表各项具体指标中，您在平时的口译实践中已经重视到了哪几个层面？

（填写每项前面的字母即可）

第三部分：译前准备课前调查

1. 您是否在开始翻译前做译前准备？

   是 / 否

2. 您主要围绕哪几个层面做译前准备？

3. 您主要通过什么方式、借助哪些工具来完成译前准备？

4. 在口译实践中，会议主办方有时会提供与大会主题相关的材料，有时则不予提供。请您分别就这两种情况对下列问题进行回答。

   a. 您如何围绕大会主题展开术语准备（如步骤、方法、利用到的工具等）：

   有材料时：

   无材料时：

   b. 您如何围绕大会主题展开主题知识准备（如步骤、方法、利用到的工具等）：

   有材料时：

   无材料时：

   c. 您如何围绕大会主题展开百科知识准备（如步骤、方法、利用到的工具等）：

   有材料时：

   无材料时：

表 3　译前准备课后调查表
（请自行确定主题，并填写下表，例：空客 A380 购机商务谈判）

主题或文本	准备层面	准备内容	方式、方法、步骤
	术语		
	主题知识		
	百科知识		
	其他		

第四部分：无笔记理解与表达调查问卷

1. 您在非口译环境下听第二外语时，遇到的问题和困难有哪些？

2. 您认为影响自己的第二外语听力的因素有哪些？

   a. 练习少　b. 缺乏二语环境　c. 基础不太扎实　d. 缺乏科学的训练

   其他：_____

3. 您在口译过程中，在第二外语听辨环节经常遇到的困难有：

   a. 口音 b. 数字 c. 长句 d. 词汇 e. 意义 f. 专业性强 g. 主题不了解 h. 语流、语速 i. 信息密集程度

   请选择：_____；其他：_____

4. 您认为口译过程中影响自己听辨能力的因素有哪些？

   a. 紧张 b. 外语水平有待提高 c. 主题不熟悉 d. 缺乏科学、系统的训练

   其他：_____

5. 您是否平时说母语时形成了自己独特的风格和习惯？如有，请扼要描述。

6. 相对于用母语表达而言，您在使用第二外语表达时有哪些不同的地方？

7. 您认为口译译员在表达过程中与普通说话有哪些不同的地方？应该注意到哪些层面？

8. 您认为，口译员在第二外语听辨过程中，下面哪些因素比较关键？

   a. 信息含义 b. 框架结构 c. 逻辑性 d. 理解深度 e. 信息的完整性

   f. 信息的准确性 g. 句法分析 h. 推理 i. 充分调动主题知识 j. 信息的内在联系 k. 概要提炼重点 l. 建立起意思之间的连贯

   请按顺序选择：_____

9. 您认为，口译员在译语输出过程中应该注意到下面哪些因素？

   a. 听众 b. 雇主 c. 语篇类型 d. 体裁、题材 e. 讲话风格 f. 句子的灵活处理 g. 连贯性 h. 流利程度 i. 语音、语调、语气 j. 讲话结束之前，做好输出准备

   请按顺序选择：_____

10. 您觉得自己最多能记住、并复述出多少位没有任何规律的随机数字（或与字母的组合）？ 如 36727102942a153h97028f9143680i

　　答案：＿＿＿＿＿＿＿＿＿＿ 位

11. 在不借助笔记的情况下，您认为自己可以记住多长时间的讲话？

　　答案：＿＿＿＿＿＿ 秒

12. 口译译语输出过程中，您认为译员应当或可以：

　　a. 适当调整信息的顺序

　　b. 突出信息重点

　　c. 忽视局部细节

13. 结合并反思您的口译实践，您在口译过程中主要存在以下哪些层面的问题？

　　a. 听力问题

　　b. 语言障碍

　　c. 对主题和背景知识缺乏了解

　　d. 信息传递效率低

　　e. 语音、语调比较单调、没有感染力

　　f. 掺杂一些固有的讲话习惯

　　g. 语言表达不流利，话语速度慢，跟不上自己的思维

　　h. 有表述障碍

　　i. 表达缺乏逻辑

　　j. 表达含糊，不准确

　　k. 讲话没有节奏

14. 口译实践过程中，需要设备时，您是否会经常检查设备、音效，并根据场地适当调整自己的声音、音量？

　　请选择：是　　　否

15. 您认为下列几种形式中哪一种自己的记忆效果会最好？

　　a. 图像、图画、照片

　　b. 简图、草图（如简笔画、素描图像等）

　　c. 图标、图表（如交通标识、统计图）

d. 空间方位图（如按方位标记的空间图）

e. 按某一规律组织起来的事物、事件，如时间、空间等

其他：_____

16. 口译过程中，您主要是通过哪种方式来完成信息表达的？

    a. 听懂后记在脑子里的东西

    b. 听完后，记在笔记本上的东西

    c. 以记忆为主、笔记为辅

    d. 以笔记为主记忆为辅

    e. 根据口译内容和特点，来调整笔记和记忆内容的比重

    f. 借助不同的记忆形式记在脑子里，然后完成表述

17. 在口译实践中，您是否会：

    a. 听讲话时，看着讲话人

    b. 译语生成过程中，与听众保持目光交流和接触

    c. 讲话的风格、特点与口吻

    d. 听众的语言、文化和表达习惯

18. 口译过程中，您经常遇到哪些突发事件？

19. 从语言层面来看，您认为，汉语与英语有哪些相同和不同的地方？

20. 从文化层面上来看，您认为，中国人和西方人在讲话上主要有哪些异同？

第五部分：交传笔记训练调查问卷

1. 您认为口译译员的笔记：（可多选）

    a. 相当于速记

    b. 类似于听写

    c. 与诉状记录没有太大区别

    d. 类似于会议纪要

    e. 与译员的个性、性格、特点和认知能力有关系

2. 根据您的口译实践或个人判断，您认为口译译员在口译过程中应该：（可多选）

  a. 以记笔记为主，大脑记忆为辅

  b. 以大脑记忆为主，笔记为辅

  c. 借助笔记来帮助自己集中精力，关键在于理解

  d. 根据自己的能力和现场需要适当调整笔记和脑记之间的关系

3. 您认为，笔记与听、理解的关系是：（可多选）

  a. 边听边记笔记，记录讲话人所讲的全部内容，包括一些细节

  b. 以听和理解为目的，笔记旨在记录听懂之后的内容

  c. 以听懂、理解、记忆在大脑中为目的，笔记重点记录最容易忘掉的内容

  d. 笔记会影响、干扰信息的听取与理解，一般很少记笔记，只有超过一定长度，有个别困难时才会记笔记

4. 您认为记笔记的作用与目的是：（可多选）

  a. 帮助记忆、防止遗忘

  b. 记录重点、难点

  c. 帮助分析

  d. 其他：_____

5. 您在记笔记时，在语言的选择上：（可多选）

  a. 用母语记录

  b. 以母语为主

  c. 以第二外语为主

  d. 以译入语为主

  e. 以译出语为主

6. 您在记笔记时：（可多选）

  a. 会有意选择合适的纸、笔和本

  b. 完全使用文字来记录

  c. 会借助一些简化的符号、标识等

  d. 会将语言信息和符号信息结合起来

e. 已经形成了自己独特的一套符号系统

f. 借助布局来标记信息点之间的逻辑关系

g. 字体大小与平时书写习惯一样

h. 字体较大，能做到一目了然

i. 尽可能多的来记录

7. 请结合此次培训中前几次的课堂笔记联系，概括自己的笔记特点（如语言选择、记录与未记录的内容、结构、记录重点、布局等）。

8. 您认为记笔记时记录的重点应该是：（可多选）

　　a. 讲话的逻辑结构

　　b. 数字

　　c. 转折词

　　d. 关联词

　　e. 专业术语

　　f. 关键词

　　g. 技术类词汇

　　h. 开头结尾

　　i. 缩略词语

　　其他：_____

9. 您认为自己所记笔记在表达过程中可使用程度在 _____%。

10. 您在借助笔记进行表达时，遇到的主要问题有：（可多选）

　　a. 笔记信息难以识别

　　b. 笔记记录内容与大脑记忆的内容结合不起来或不紧密

　　c. 很难识别自己记录的逻辑关系

　　d. 没能把需要的重要信息记录下来

　　e. 笔记读取比较费时费力，影响表达的连贯性

　　其他：_____

11. 您认为译员在译语生成或表达过程中应该：（可多选）

　　a. 以笔记为依据，翻译讲话人的讲话内容

b. 以理解、记忆的内容为依据，借助笔记来补充必要的信息

c. 在最短的时间内，高效提取笔记信息

其他：＿＿＿＿＿＿＿＿＿＿＿＿＿＿＿＿＿＿＿＿＿＿

12. 请您结合自己三天来的口译笔记培训，扼要罗列自己获益最大的几点。

第六部分：有稿口译（交替传译）调查

1. 您是否做过有稿口译？

请选择：有　　　无

2. 有稿口译前，您是否针对稿子做有针对性的译前准备？

请选择：有　　　无

这些"有针对性的译前准备"包括：＿＿＿＿＿＿＿＿＿＿＿＿

a. 将讲话稿翻译一遍

b. 围绕讲话稿所涉及的内容进行拓展准备

c. 通读、理解、熟悉讲话稿的主题和内容

d. 研究讲话稿的语言特点、讲话习惯和表达方式等

e. 对文稿进行分段，建立起段与段之间的连贯及整个语篇层面的连贯

f. 在文中标记文本中的衔接词、关键词、核心思想、重点难点等信息

g. 术语、主题、百科知识的准备

h. 其他＿＿＿＿＿＿＿＿＿＿＿＿＿＿＿＿＿＿＿＿＿＿

3. 在有稿口译过程中，需要：

a. 跟着讲话人的语流、语速，默读稿件，把握进度并翻译

b. 脱离稿件，理解讲话人的讲话，并根据理解的内容来翻译

c. 保持与讲话人同样的语流、语速和意义群落的划分

d. 稿件在翻译过程中仅仅起参考、辅助作用

e. 讲话人在完全按照讲话稿讲话的过程中，译员可以参考事先翻译好的译文来翻译或念稿

f. 即使讲话人选读文章，译员也不能念稿，最好按正常的翻译来对待，最好保持口语特点

g. 有稿口译过程中，有必要模仿讲话人的语气、语调，更要领会讲话人的意图，以传达意图为准

h. 译员翻译过程中要注意自己译语输出的节奏，保证自然、流畅、易懂

i. 其他 ＿＿＿＿＿＿＿＿＿＿＿

4. 您认为有稿口译这一环节讲解、练习的重点应该是：＿＿＿＿＿＿

5. 您在此次有稿口译培训环节最大的收获是：＿＿＿＿＿＿＿＿

第七部分：综合训练调查

1. 您觉得自己更擅长哪个方向的翻译？

请选择：　外中　　中外

2. 您在口译实践中，从事最多的是哪个方向的翻译？

请选择：　外中　　中外

3. 在口译实践中，您觉得中外、外中翻译最大的障碍在于：

中外：＿＿＿＿＿＿＿＿＿＿＿＿＿＿＿＿＿＿＿＿＿＿＿＿

外中：＿＿＿＿＿＿＿＿＿＿＿＿＿＿＿＿＿＿＿＿＿＿＿＿

4. 您认为口译综合训练的目的在于：

a. 巩固译前准备、听辨、笔记等单项技能

b. 综合练习各项口译技能，使得各项技能更加的连贯、协调

c. 熟悉不同语篇的话语特征及翻译技巧

d. 练习掌握某些固定表达的翻译方法和技巧

e. 练习外汉、汉外的翻译技巧

f. 其他：＿＿＿＿＿＿＿＿＿＿＿＿＿＿＿＿＿＿＿

5. 请将下列讲话，按照口译的难易程度由难到易进行排序：

a. 文学类讲话

b. 实用类讲话

c. 学术讲座

d. 政治讲话

e. 叙述类讲话

f. 论述类讲话

g. 描述类讲话

h. 说明类讲话

i. 日常会话

6. 您认为，口译学习过程中，自主学习和课堂学习两者比例（以 10 为基数，如 3∶7）应该是：＿＿＿＿＿＿＿＿＿＿＿＿＿＿＿＿。

7. 您认为，成为一个成功的口译员的关键因素有哪些?

a. 外语好

b. 汉语好

c. 记忆好

d. 反应快

e. 接受过系统的培训

f. 有实践的机会

其他：＿＿＿＿＿＿＿＿＿＿＿＿＿＿＿＿＿＿＿＿

8. 您认为下列学习或练习方式中，哪些对口译学习和练习非常关键?

a. 提高自己的百科知识储备

b. 展开主题性学习

c. 展开有针对性的认知能力训练，如注意力、记忆能力等

d. 展开针对口译技能的强化和集中训练

e. 其他：＿＿＿＿＿＿＿＿＿＿＿＿＿＿＿＿＿＿＿＿

9. 您认为随着信息化的发展，是否有必要开发模拟整个口译培训过程的自主学习平台?

请选择：有　无

10. 您是否会使用自主学习平台来帮助自己练习、提高自己的口译技能?

请选择：是　否

11. 您认为这个自主学习平台应该注意到哪些方面或者突出哪些特点?

＿＿＿＿＿＿＿＿＿＿＿＿＿＿＿＿＿＿＿＿＿＿＿＿＿＿

第八部分：培训质量调查

1. 您对口译的兴趣程度？请选择：_____

    a. 口译是我的职业

    b. 我希望将来从事口译职业

    c. 口译是我日常工作必不可少的一个环节

    d. 我的日常工作不涉及或偶尔涉及口译，但我非常感兴趣

    e. 一般

    f. 不感兴趣

2. 您对此次口译培训的满意度是：_____%

3. 您认为此次口译培训需要改进、完善的环节有：

    a. 培训师资　　　　　请给出您的建议：_____

    b. 培训内容　　　　　请给出您的建议：_____

    c. 培训手段、方法　　请给出您的建议：_____

    d. 培训时长　　　　　请给出您的建议：_____

    e. 各环节课时分配　　请给出您的建议：_____

4. 您认为此次口译培训是否对您的职业活动有帮助？

    请选择：有　　无

5. 您是否会结合此次培训所获得的方式方法继续口译的相关练习？请选择：

    a. 看自己的时间

    b. 是

    c. 否

6. 您觉得此次培训是否足够充实？

    a. 是的，我不再需要其他培训

    b. 时间较仓促，我需要进一步的培训

    c. 我需要个别环节有针对性的、强化培训

7. 您是否有意向接受高一级别的培训？

    请选择：是　　否

8. 关于进一步的培训，您希望：

   a. 单位内部组织的集体培训

   b. 在单位不组织、不负责相关费用的情况下，自己报名参加

   c. 其他：_____

9. 如果您还想接受进一步培训，请指出您对下一次培训的期待，如内容、方式等。

_____

10. 您对此次培训的意见及建议：

_____

许明，北京语言大学副教授，认知心理学博士，语言学（翻译方向）硕士。研究兴趣集中在翻译学、语言学、认知心理学的跨学科研究，主要研究领域有：口、笔译认知过程、认知语义学、术语学、语篇理解与知识构建等。代表性研究成果有：主持国家社科项目1项；主持教育部、北京市等省部级课题4项；法文出版《口译认知过程研究：问题与展望》《文学翻译的语言学标准》《语篇理解与知识构建：基于认知语义学的语义表征量化和实证研究》专著3部；合作编著《探索全球化时代的口译教育》《跨学科视野下的术语学研究》《国外术语工作及术语立法状况》3部；发表《西方口译认知研究概述》《口译认知过程中 deverbalization 的认知诠释》《论同声传译研究方法》等代表性论文10余篇。